普通高等院校“十四五”规划教材

网页设计与编程

（HTML5+CSS3+JavaScript）

耿增民◎主　编

洪　颖　邵熹雯　吕　超◎副主编

中国铁道出版社有限公司
CHINA RAILWAY PUBLISHING HOUSE CO., LTD.

内 容 简 介

本书采用“理论与实践”相结合的模式，将课堂教学内容与案例教学内容有机地结合起来进行讲解。

全书共分 8 章，内容包括：网页设计基础、基本的 HTML 标签、表格和表单、用 CSS 修饰 HTML 标签、盒子模型和布局、综合案例、JavaScript 编程基础知识和网页对象的 JavaScript 编程等。每章后面附有小结和习题，帮助读者巩固所学知识。

本书从基础知识入手，循序渐进，重视能力培养，适合学生在实践中学习，逐步掌握网页设计与编程技术。

本书适合作为普通高等院校网页设计课程教材，也可作为网页设计爱好者的参考用书。

图书在版编目（CIP）数据

网页设计与编程：HTML5+CSS3+JavaScript/ 耿增民主编 . —北京：中国铁道出版社有限公司，2021.2

普通高等院校“十四五”规划教材

ISBN 978-7-113-27467-2

Ⅰ. ①网… Ⅱ. ①耿… Ⅲ. ①超文本标记语言 - 程序设计 - 高等学校 - 教材②超文本标记语言 - 程序设计 - 高等学校 - 教材③ JAVA 语言 - 程序设计 - 高等学校 - 教材 Ⅳ. ① TP312.8 ② TP393.092.2

中国版本图书馆 CIP 数据核字（2020）第 245091 号

书　　名：网页设计与编程（HTML5+CSS3+JavaScript）

作　　者：耿增民

策　　划：魏　娜　　**编辑部电话：**（010）63549501

责任编辑：贾　星　彭立辉

封面设计：高博越

责任校对：焦桂荣

责任印制：樊启鹏

出版发行：中国铁道出版社有限公司（100054，北京市西城区右安门西街 8 号）

网　　址：http://www.tdpress.com/51eds/

印　　刷：三河市宏盛印务有限公司

版　　次：2021 年 2 月第 1 版　2021 年 2 月第 1 次印刷

开　　本：787 mm×1 092 mm 1/16　**印张：**17.25　**字数：**429 千

书　　号：ISBN 978-7-113-27467-2

定　　价：48.00 元

前　言

随着Internet应用的飞速发展，大多数高校在大学生学习了计算机应用基础课程之后开设了网页设计课程。但教学内容会根据学生专业不同而有所调整：为文科与艺术类学生所授偏向网页设计知识；为理工科学生所授偏向编程知识。实际上，若同时讲授网页设计与编程知识，不但可以让学生更好地进行网站开发工作，而且也符合未来艺工专业融合的学科发展方向。基于此，我们为高等院校的广大师生编写了本书。本书从基础入手，立足最新国际标准，重视能力培养，着重案例实践；在形式上力争语言简洁、内容充实、排版活泼，学生学完本书后能够掌握必备的网站设计知识。

由于HTML5是业界认可的最新标准，因此W3C（万维网联盟）组织不再推荐使用的一些标签如框架（<frame>标签），本书不再涉及。样式设计采用了最新的CSS3，但由于篇幅原因，本书只讲解常用的样式属性。为了兼顾不同专业的学生，只讲解JavaScript语言网页设计所需的程序设计基础内容。

本书采用的是目前主流的布局技术DIV+CSS布局，这种技术具备三大优点：写代码容易，效率高；方便修改，尤其是通过修改样式文件快速改变网站外观；代码量少，省带宽，适合SEO（搜索引擎优化）。

本书由长期从事网页设计与编程课程教学的一线教师编写而成，全书共分8章：第1章～第6章是静态网页设计的基础知识，内容包括网页、网站和HTML基础，HTML5标签，表格和表单，CSS3样式，DIV+CSS布局；第7章和第8章是JavaScript编程基础，主要内容包括JavaScript语法基础以及如何用JavaScript来实现与网页元素的交互。学完本书所有内容后既可以设计静态网页，又能设计动态网页。精心设计的案例确保读者在完成上机实验后能快速掌握必要的知识点，每章都附有形式多样的习题供读者自行测评，书中附录给出了习题答案。

网站开发的工具多种多样，目前比较流行的开发平台有Adobe Dreamweaver、Sublime、MSCode、HBuilder、WebStorm等。每个平台都有自己的独特之处，但在代码提示、辅助纠错方面WebStorm稍胜一筹，故我们推荐使用WebStorm。对于喜欢可视化环境的读者，可以选择Dreamweaver。

为了方便读者学习，我们提供了教材的电子课件和案例代码（可在中国铁道出版社有限公司官网 http://www.tdpress.com/51eds/ 下载），每章习题的答案参见附录B。

在学习本书的过程中，应注意以下几点：

1. 重视对 HTML、CSS 和 JavaScript 内容的理解

虽然代码提示和可视化开发环境使很多代码可以自动完成，但还是建议读者尽量理解网页元素、样式和 JavaScript 的真正含义。例如，标签和样式的完整英文单词意思，JavaScript 语言中标识符的英文含义，只有这样才能加深理解，使用时信手拈来，更精确地控制网页的实际显示效果。

2. 重点学习方法并应用于实际

在学习案例时要举一反三，将更多的知识点诉诸实践。只有掌握了方法，遇到新需求时才能灵活应对，例如，掌握了盒子的布局原理后，任意格局的设计就会像搭积木一样得心应手；看到了别人设计网站的效果后会想到用什么方法加以实现。

3. 一些辅助知识和技术也是必须要掌握的

学习本书时我们假定读者掌握了计算机基础知识，如文件系统、图片处理、视频处理等必备知识，否则有的读者会对诸如路径参数的设置、图片视频格式及压缩等知识点难以理解。若想进一步提高网页设计水平，需要选择进阶教材进一步学习。

本书是我们在高校长期教学实践的经验积累，编者投入了巨大的心血并建设了课程的数字化教学资源。

本书由耿增民任主编，洪颖、邵熹雯、吕超任副主编。具体编写分工为：洪颖编写第 1 章和第 6 章，邵熹雯编写第 2 章和第 5 章，吕超编写第 3 章和第 4 章，耿增民编写第 7 章和第 8 章。全书由耿增民策划、统稿、定稿。

网页设计技术发展日新月异，由于编者水平有限，加之时间仓促，书中疏漏与不妥之处在所难免，敬请广大读者批评指正。

编　者

2020 年 10 月

目　录

第1章 网页设计基础

随着互联网的高速发展，网站和网页成为人们在网上交流的重要手段，每天都会有大量的网站出现在互联网上。人们可以利用网站展示自己，也可以在网站上购物、浏览最新资讯等。通过学习相关技术，我们也可以建立一个自己的网站。那么到底什么是网页和网站？它们之间又有什么关系呢？本章主要介绍网页和网站的基本概念、HTML知识、浏览器知识、网站和网页的开发工具等。

1.1 认识网页和网站

1.1.1 网页和网站的概念

网页和网站在互联网中无处不在，包括计算机端和手机端，人们每天浏览新闻、网上购物等都会接触到网页和网站。万维网（World Wide Web，WWW）是互联网上基于客户机/服务器方式的超文本信息服务系统，是互联网上最常用的信息化服务。万维网是大规模的分布在不同主机上的文档的集合，这些文档就是网页（Web Page）。每台主机上的文档都进行独立管理，万维网以客户/服务器的方式工作，通常浏览器就是客户程序，万维网文档所存放的主机称为服务器。当客户机向服务器发出请求时，服务器向客户机返回所要的文档，这是一种典型的请求/响应模型。

网页就是一个文档，通常用HTML语言编写，能够被浏览器解析和显示。用户在浏览器中输入一个URL地址就能访问网页。一个网页的内容主要包含文本、图像、超链接和多媒体等信息，超链接指向其他网页，用户可以通过超链接依次访问不同的网页。

具有同一个域名的多个相互链接的网页就组成了一个网站（Website）。一个网站中的各个网页都是相关的，当在浏览器的地址栏中输入网站地址时首先打开的网页称为首页或主页（Homepage），其他网页称为子页面，一个网站包括一个主页和若干个子页面。网站的主页设计比较重要，它决定了访问者对网站的第一印象。

1.1.2 网页构成要素

互联网中虽然存在海量级的网页，但各个网页的构成要素都大同小异，主要包括文字、图像、超链接、多媒体元素等。

1. 文字

文字是网页信息的主体，能够准确地传达网页要表达的信息，是网页中不可或缺的构成要素。纯文本的存储空间很小，在网络传输中具有优势，也有利于搜索引擎采集。网页中的文字描述要简洁明了、字数适当，如果文字太少，网页会显得单调。但是，如果一个网页中的文字太多或文字样式单一，会给人长篇累牍的感觉，也会使网页过于僵化，失去吸引力，所以合理设计网页中文字的样式，如标题文字、文字大小、文字颜色、行距等，使其排版合理更加美观是非常有必要的，网页文字的排版和设计要与网站设计整体风格相吻合。用于网页正文的文字一般不要太大，也不要使用过多的字体，中文文字可使用宋体，大小一般使用 9 磅或 12 像素左右即可。

2. 图像

图像也是网页中必不可少的元素，相比文字，图像更加直观、更具有视觉冲击力，能够很快吸引访问者的眼球。适当应用图片可以避免网页中纯文字给人的枯燥感，为网页增加活力，使网页更加生动。网页中的图像主要包括用于点缀标题的小图片、介绍性的图片、代表企业形象或栏目内容的标志性图片，可用于宣传广告、作为超链接等多种形式。网页中的图像不宜太多，不然会显得页面混乱。网页中使用的图像必须符合网页的主题，并要加以创新和个性化。图片的位置、面积、数量、形式等直接关系到网页的视觉传达。

网页上使用的图像一般为 JPG、PNG 和 GIF 格式。

（1）JPG/JPEG：JPG/JPEG 是 Joint Photographic Expert Group（联合图像专家组标准）的缩写，文件的扩展名为 .jpg，是一种全彩的影音压缩格式。JPG 格式的图像在互联网上应用得比较多，图像颜色丰富，有多达 1 600 万种颜色，不支持背景透明效果。

（2）PNG：PNG 是 Portable Network Graphic（便携式网络图形）的缩写，在互联网上也用得较多。PNG 文件相对较小，支持背景透明，PNG 图像可以定义 256 个透明层次。

（3）GIF：GIF 是 Graphics Interchange Format（图形交换格式）的缩写，这种格式的图像文件小，支持动画和透明效果，但只支持 256 种颜色，适用于网页中的 logo 标志、icon 图标以及动图等。

3. 超链接

超链接是从一个网页到其他目标的指向，其他目标通常是一个网页，也可以是一个图像、文件、电子邮件地址，甚至是同一个网页中的其他位置。网页中的超链接通常设置在文字上，也可以是图像、视频或按钮等，当把鼠标移到超链接上时，指针会变成手形，单击超链接，会加载超链接指向的目标内容。一个网站包含很多个网页，可以利用超链接从一个网页跳转到另一个网页。网页中的超链接也需要进行样式设计，以满足网页的美观需求。

4. 多媒体

为了增加网页的生动性，有时候要增加一些多媒体元素，如视频、音频、动画等，但是多媒体元素要适量，太多了反而会让访问者眼花缭乱，还会影响网页的打开速度。

（1）视频：网页中常用的视频文件格式有 MP4、FLV、WebM、Ogg 等，不同的浏览器对各种视频格式的支持也有所不同，可以使用视频软件（如格式工厂等）进行视频的格式转换，如果视频太大，也可以用视频软件进行尺寸调整或视频裁剪等。

（2）音频：网页中常用的音频文件格式有 MP3、Wav、Ogg 等，不同浏览器对各种音频格式的支持情况也有所不同，可以使用一些音频处理软件对音频进行格式转换、裁剪等处理。

（3）动画：在网页中使用动画会增强网页吸引力，网页动画一般可以使用 Flash 软件来制作，也可以使用 HTML5 的 animation 属性来制作。

1.1.3　网站构成

通常一个网站包含很多个相关的网页，但根据网页的内容，可以把这些网页分为三类：首页、列表页和详情页。

1. 首页

首页是访问者在浏览器地址栏中输入网址回车后看到的网页，通常它决定了访问者对网站的第一印象，所以首页的设计非常重要。不仅要把网站最重要的内容在首页展示出来，还要兼顾美观，要给访问者留下深刻印象，引起他们的兴趣。当然，网站首页还要兼顾导航功能，通过超链接引导访问者浏览网站的其他页面。静态网站的首页文件通常命名为 index.html 或 default.html。

2. 列表页

列表页一般用于展示新闻列表或产品列表信息，有的还可以对列表展示的信息按条件进行筛选显示，图 1-1 所示为商城产品列表页。列表页在设计时要注重展示的排版效果，合理安排文字和图片。

图 1-1　列表页

3. 详情页

详情页对应列表页，当访问者在列表页上想了解某条新闻或某个产品的详细信息时，单击打开详情页，会展示该条新闻或产品的详细信息，商城类的网站一般在详情页中提供购买功能。

1.1.4 网站类型

根据网站的内容和功能不同，网站可分为门户类网站、企业类网站、电商类网站、视频类网站和个人网站等。

1. 门户类网站

门户类网站的主要功能是提供信息资讯和综合服务，属于综合性的网站，网站内容的覆盖面广，面向的用户群体也很多，在网站设计制作方面更加高要求、精细化。比如，新浪、网易、搜狐等都属于门户类网站。

2. 企业类网站

互联网是企业进行形象宣传和网络营销的平台，很多企业都会建立一个企业网站，让别人能从网上了解自己，不但对企业的形象是很好的宣传，同时也可以促进产品的网络销售。企业类网站的设计要符合企业的文化，能体现出企业的特点。

3. 电商类网站

相比线下传统的实体店，电商类网站具有购物方便和快捷的优势，买家只需要在网上选择心仪的商品下单，便可在家收取货物。电商类网站具有省事、省时、省心、高效等特点，受到越来越多的人欢迎。电商类网站的网页的内容必须突出重点，避免夸张，装饰部分不宜太多，以免喧宾夺主。在内容编排上必须简洁明了，便于浏览。

4. 视频类网站

视频类网站的主要内容是视频文件，这些视频可以是网站发布的，也可以是用户上传的。访问者可以在网站上观看视频，也可以进行互动、评论、分享等操作。随着移动互联网的持续发展，视频类网站的用户越来越多，如爱奇艺、优酷等都属于视频类网站。

5. 个人网站

个人网站是个人为某些爱好、科普或展示自己等创建的网站，给相同爱好的人提供一个了解知识、相互交流的平台或让其他人了解自己。个人网站一般有比较鲜明的特点，个性较强，没有太多的设计限制。

1.2 HTML 概述

HTML 是 Hypertext Markup Language（超文本标记语言）的缩写，是一种用来编写超文本文档的标记语言。HTML 是由 Web 的发明者 Tim Berners-Lee 和同事 Daniel W.Connolly 于 1990 年创立的一种标记语言，它最早源于 SGML（Standard General Markup Language，标准通用化标记语言）的应用。用 HTML 编写的超文本文档称为 HTML 文档，它能独立于各种操作系统平台（如 UNIX、Windows 等）。利用 HTML 将所需表达的信息按某种规则写成 HTML 文件，再经过浏览器的解析，将 HTML 文件翻译并展示出来，就是我们所见到的网页。到目前为止，HTML 已经发展了多个版本，其中最著名的就是 HTML4；2010 年又推出 HTML5，一经推出就受到各大浏览器的支持。

1.2.1 HTML5 的概念

HTML5 是 HTML 的最新修订版本，是对以前版本的继承和发展，旧的 HTML 标签在 HTML5 中依然适用。HTML5 技术结合了 HTML4.01 的相关标准并革新，符合现代网络发展要求，在 2008 年正式发布。HTML5 由不同的技术构成，在互联网中得到了非常广泛的应用，提供了更多增强网络应用的标准机制。与传统的技术相比，HTML5 的语法特征更加明显，并且结合了 SVG 的内容。这些内容在网页中使用可以更加便捷地处理多媒体内容，而且 HTML5 中还结合了其他元素，对原有的功能进行调整和修改，进行标准化工作。HTML5 在 2012 年已形成了稳定的版本。

相比 HTML4，HTML5 中增加了一些新特性：用于绘画的 canvas 元素、用于多媒体处理的 video 和 audio 元素、对本地离线存储更好的支持、新的特殊内容元素，如 article、footer、header、nav、section 以及新的表单控件（如 calendar、date、time、email、url、search 等）。

1.2.2 HTML 文档的格式

HTML 文档的基本格式主要包括：<!DOCTYPE> 文档类型声明、<html> 根标记。<head> 头部标记和 <body> 主体标记。具体文档结构如下：

```
<!DOCTYPE html>
<html lang="en">
```

```
<head>
<meta charset="UTF-8">
<title>Document</title>
</head>
<body>
</body>
</html>
```

1. <!DOCTYPE> 标记

<!DOCTYPE> 标记位于文档的最前面，用于向浏览器说明当前文档使用哪种 HTML 或 XHTML 标准规范。只有这样，浏览器才能将该网页作为有效的 HTML 或 XHTML 文档，并按指定的文档类型进行解析。

2. <html></html> 标记

<html> 标记位于 <!DOCTYPE> 标记之后，称为根标记，用于告知浏览器其自身是一个 HTML 文档，<html> 标记标志着 HTML 文档的开始，</html> 标记标志着 HTML 文档的结束，在它们之间是文档的头部和主体内容。

3. <head></head> 标记

<head> 标记用于定义 HTML 文档的头部信息，也称头部标记，主要用来封装其他位于文档头部的标记，如 <title>、<meta>、<link> 及 <style> 等，用来描述文档的标题、作者以及与其他文档的关系。需要注意的是，一个 HTML 文档只能含有一对 <head></head> 标记，绝大多数文档头部包含的数据都不会真正作为内容显示在页面中。

4. <body></body> 标记

<body> 标记用于定义 HTML 文档所要显示的内容，也称为主体标记。浏览器中显示的所有文本、图像、音频和视频等信息都必须位于 <body></body> 标记内，<body></body> 标记中的信息才是最终展示给用户看的。一个 HTML 文档只能有一对 <body></body> 标记，且 <body></body> 标记必须在 <html> 标记内，位于 <head> 头部标记之后，与 <head> 标记是并列关系。

1.3 浏览器概述

浏览器是浏览网页的必备软件，目前常用的浏览器有 IE 浏览器（Internet Explorer）、谷歌浏览器（Google Chrome）、火狐浏览器（Mozilla Firefox）、欧朋浏览器（Opera）和 Safari 浏览器等。

1.3.1 HTTP 协议和 HTTPS 协议简介

HTTP 是 Hyper Text Transfer Protocol（超文本传输协议）的缩写，是用于从万维网服务器传输超文本到本地浏览器的传输协议。当在浏览器的地址栏输入一个地址时，就能够访问服务器的某个页面，这个过程本身就是两个应用程序之间的交互，一个应用程序是浏览器，另一个应用程序是服务器。浏览器作为 HTTP 客户端通过 URL 向 HTTP 服务端即 Web 服务器发送所有请求。Web 服务器接收到请求后，向客户端发送响应信息。

一次 HTTP 操作称为一个事务，其工作过程可分为四步：

（1）客户机与服务器需要建立连接。只要单击某个超链接，HTTP 就开始工作。

（2）建立连接后，客户机发送一个请求给服务器，请求方式的格式为：统一资源标识符（URL）、协议版本号，后边是 MIME 信息，包括请求修饰符、客户机信息和可能的内容。

（3）服务器接到请求后，给予相应的响应信息，其格式为一个状态行，包括信息的协议版本号、一个成功或错误的代码，后面是 MIME 信息，包括服务器信息、实体信息和可能的内容。

（4）客户端接收服务器所返回的信息通过浏览器显示在用户的显示屏上，然后客户机与服务器断开连接。

如果在以上过程中的某一步出现错误，则产生错误的信息将返回到客户端，有显示屏输出。对于用户来说，这些过程是由 HTTP 自己完成的，用户只要用鼠标点击，等待信息显示即可。

HTTP 协议不适合传输一些敏感信息，如各种账号、密码等信息，使用 HTTP 协议传输隐私信息非常不安全。一般 HTTP 中存在如下问题：

- 请求信息明文传输，容易被窃听截取。
- 数据的完整性未校验，容易被篡改。
- 没有验证对方身份，存在冒充危险。

为了解决上述 HTTP 存在的问题，就用到了 HTTPS。HTTPS（HyperText Transfer Protocol over Secure Socket Layer，超文本传输安全协议）是以安全为目标的 HTTP 通道，在 HTTP 的基础上通过传输加密和身份认证保证了传输过程的安全性，HTTPS 在 HTTP 的基础下加入 SSL 层（Secure Socket Layer，安全套接字层），HTTPS 的安全基础是 SSL，因此加密的详细内容就需要 SSL。HTTPS 存在不同于 HTTP 的默认端口及一个加密 / 身份验证层（在 HTTP 与 TCP 之间）。这个系统提供了身份验证与加密通信方法，它被广泛用于万维网上安全敏感的通信，如交易支付等方面。目前还在草案阶段，目前使用最广泛的是 TLS 1.1、TLS 1.2。

1.3.2　常用的浏览器

在网页设计中，同一个网页在不同的浏览器中的显示效果可能会略有差异，即网页兼容性不好，一般来说，只要在 IE 浏览器、谷歌浏览器和火狐浏览器中的显示效果一致，那么网页就能兼容绝大多数浏览器。下面分别对这三种浏览器进行介绍。

1. IE 浏览器（Internet Explorer）

IE 浏览器是微软公司推出的一款网页浏览器。IE 自 1995 年诞生以来，IE 浏览器直接绑定在 Windows 操作系统中，一般不需要单独下载和安装。目前还有一些用户在使用低版本的 IE 浏览器，所以在设计网页时，要充分考虑这些用户的兼容性。也就是说，设计的网页要在 IE 浏览器低版本（如 IE 6、IE 7 等）中测试兼容性。

2. 谷歌浏览器（Google Chrome）

谷歌浏览器是由 Google 公司开发的一款设计简单、高效的网页浏览器，该浏览器基于其他开源软件撰写。早期谷歌浏览器采用 WebKit 内核，2013 年后采用 Blink 内核。谷歌浏览器最大的亮点就是其多进程架构，保护浏览器不会因恶意网页和应用软件而崩溃。每个标签、窗口和插件都在各自的环境中运行，因此一个站点出了问题不会影响打开其他站点。通过将每个站点和应用软件限制在一个封闭的环境中这种架构，这进一步提高了系统的安全性。2012 年发布了 Chrome 浏览器移动版，提供 iOS 系统、安卓系统以及 Windows Phone 系统的 Chrome 浏览器，在保持浏览器原有特点的情况下，实现了多终端使用，具有共享收藏历史信息等功能，是手机浏览器的一次巨大突破。

网页制作过程中，调试是必不可少的一步，火狐浏览器的 Firebug 是众多开发者追捧的利器。谷歌浏览器自带开发者工具，也可以实现代码修改并预览。在谷歌浏览器右上角的选项中单击选择“更多工具”→“开发者工具”命令（或者按快捷键【F12】），打开开发者工具后，在浏览器右侧出现一个调试面板。包括网页 HTML 调试查看和 CSS 代码调试，还有一些其他资源面板。谷歌浏览器调试的好处是可以实现元素定位，把鼠标放在指定的元素上，就可以在浏览器的视图中加灰突出显示所对应的元素。CSS 代码调试面板不仅可以查看对应的标签的代码，同时还可以实时更改代码的值并在浏览器视图中显现变化。在 CSS 调试中，还可以看到盒子模型的形象视图，可以实现对 margin、padding 等的定位计算。

说明：本书涉及的案例均在谷歌浏览器中运行和演示。

3. 火狐浏览器（Mozilla Firefox）

火狐浏览器是一个自由及开放源代码的网页浏览器，使用 Gecko 排版引擎，支持多种操作系统，如 Windows、Mac OS X 及 GNU/Linux 等。Firebug 是火狐浏览器的一个开发插件，主要用来调试浏览器的兼容性，它集 HTML 查看和编辑、JavaScript 控制台、网络状况监视器于一体，是开发 HTML、CSS 和 JavaScript 的好帮手。新版火狐浏览器中已经将 Firebug 整合到“Web 开发者”工具中，用户可以在火狐浏览器菜单栏选择“打开菜单”→“Web 开发者”→“查看器”命令，即可查看网页的各个模块。

1.4 网站与网页开发工具

网页开发工具很多，常用的编辑器软件（如记事本）都可以用来进行 HTML 编码和制作网页，但记事本没有任何代码提示功能，所以使用不太方便。开发网站时应该选择效率高的工具，常用的网页开发工具有 Adobe Dreamweaver、Visual Studio Code、Sublime Text 和 WebStorm 等。下面分别对这几个工具进行介绍。

1.4.1 Adobe Dreamweaver

Adobe Dreamweaver，简称 DW，中文名称“梦想编织者”，最初由美国 Macromedia 公司开发，2005 年被 Adobe 公司收购。Dreamweaver 是集网页制作和管理网站于一身的所见即所得的网页代码编辑器。利用对 HTML、CSS、JavaScript 等内容的支持，设计师和程序员可以方便快速地进行网页设计。目前常用的版本是 Adobe Dreamweaver CS6 和 Adobe Dreamweaver CC。图 1-2 所示为 Adobe Dreamweaver CS6 版本的工作界面。

1.4.2 Visual Studio Code

Visual Studio Code 是 Microsoft 开发的一个可以运行于 Mac OS X、Windows 和 Linux 之上的针对编写现代 Web 和云应用的跨平台源代码编辑器。这款软件具备很多特性，包括语法高亮（Syntax High Lighting）、可定制的热键绑定（Customizable Keyboard

Bindings）、括号匹配（Bracket Matching）以及代码片段收集（Snippets）等。该编辑器支持多种语言和文件格式的编写，目前已经支持 37 种语言或文件。

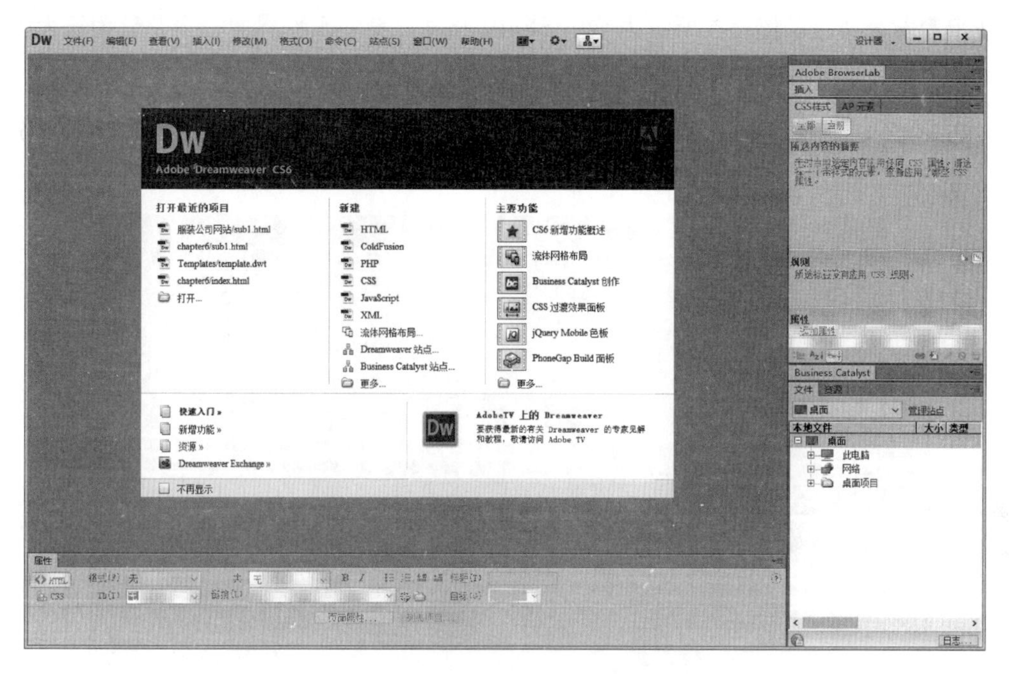

图 1-2　Adobe Dreamweaver 工作界面

1.4.3　Sublime Text

Sublime Text 是一个跨平台的编辑器，同时支持 Windows、Linux、Mac OS X 等操作系统，由程序员 Jon Skinner 于 2008 年 1 月份所开发。Sublime Text 具有漂亮的用户界面和强大的功能，还具有良好的扩展功能，官方称之为安装包（Package），可以根据需要安装和卸载安装包。工作窗口带有代码缩略图，可以快速定位到相应的代码位置。Sublime Text 还有多重选择（Multi-Selection）功能，允许在页面中同时存在多个光标，同时编辑多个位置。另外，Sublime Text 的代码提示功能和代码快捷输入也很强，输入简单的字母就能提示完整的标签和属性。图 1-3 所示为 Sublime Text3 的工作界面。

1.4.4　WebStorm

WebStorm 是 JetBrains 公司的一款开发工具，被开发者誉为“Web 前端开发神器”“最强大的 HTML 5 编辑器”“最智能的 JavaScript IDE”等。可以访问 WebStorm 的官方网站 https：//www.jetbrains.com/webstorm/download/ 下载最新版本的安装包，下载后根据提示按步骤安装即可。图 1-4 所示为 WebStorm 开发工具的工作界面，主要分为三大区域：顶部为菜单栏，左边为项目结构，右边为代码窗口。WebStorm 带有智能提示，可以让开发人员大幅提高代码输入效率，同时，它还能用不同的颜色显示不同类型的文本内容，便于区分。

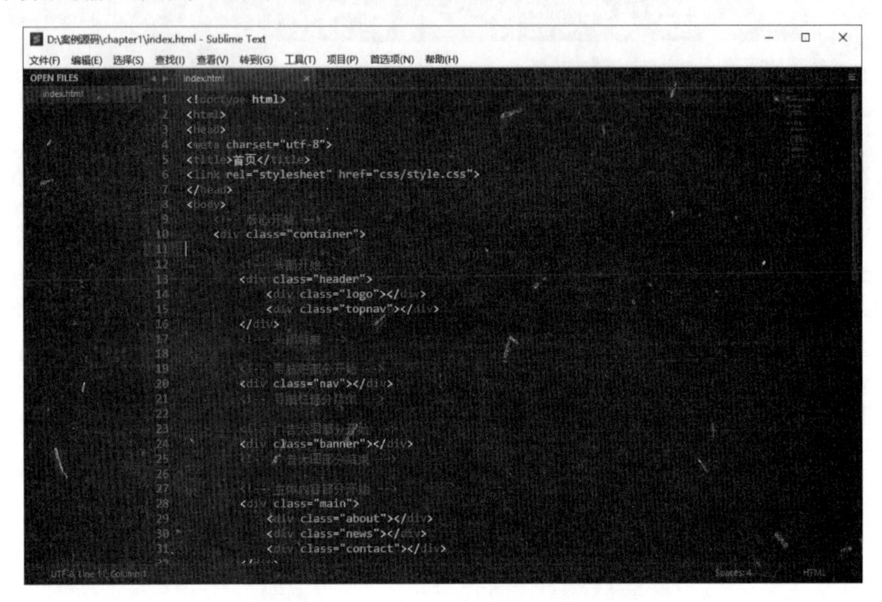

图 1-3　Sublime Text3 的工作界面

图 1-4　WebStorm 工作界面

在设计一个网站时，首先要确定网站主题、规划网站结构、寻找素材、设计网页效果图等，这些工作完成后，要创建网站文件夹，开始利用 Adobe Dreamweaver、Sublime Text 等软件制作首页和子页面。下面通过一个简单的例子来说明制作网站和页面的基本过程。

案例 1-1　设计一个网站和网站的起始页面。

设计步骤如下：

（1）创建网站文件夹。在本地硬盘中创建一个网站文件夹，如 chapter1，用来存放网站中所有的文件，在 chapter1 文件夹内再新建 images、css、video、audio、fonts 等子文件夹，用来分类存放图片、样式文件、视频文件、音频文件和字体文件等，具体网站文件夹结构如图 1-5 所示。

图 1-5　网站文件夹

（2）创建站点。打开 Adobe Dreamweaver 软件，选择“站点”→“新建站点”命令，在打开的对话框中输入站点名称，单击“浏览文件夹”按钮，选择 D 盘的网站文件夹，如图 1-6 所示。

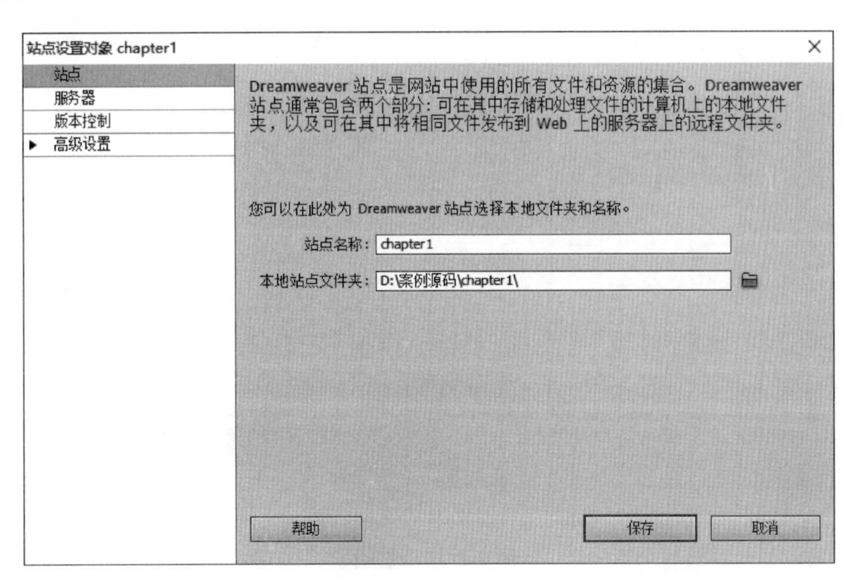

图 1-6　建立站点

设置完成后，单击“保存”按钮，在右下角的“文件”面板中可以看到网站文件夹中的所有内容，如图 1-7 所示。

图 1-7　网站文件结构

（3）创建页面。在 Adobe Dreamweaver 软件中选择“文件”→“新建”命令，在打开的对话框中选择“空白页”，在“文档类型”下拉列表中选择“HTML 5”，如图 1-8 所示。单击“创建”按钮即可创建一个空白页面，选择“文件”→“保存”命令，把网页以文件名 index.html 保存在网站文件夹内，如图 1-9 所示。

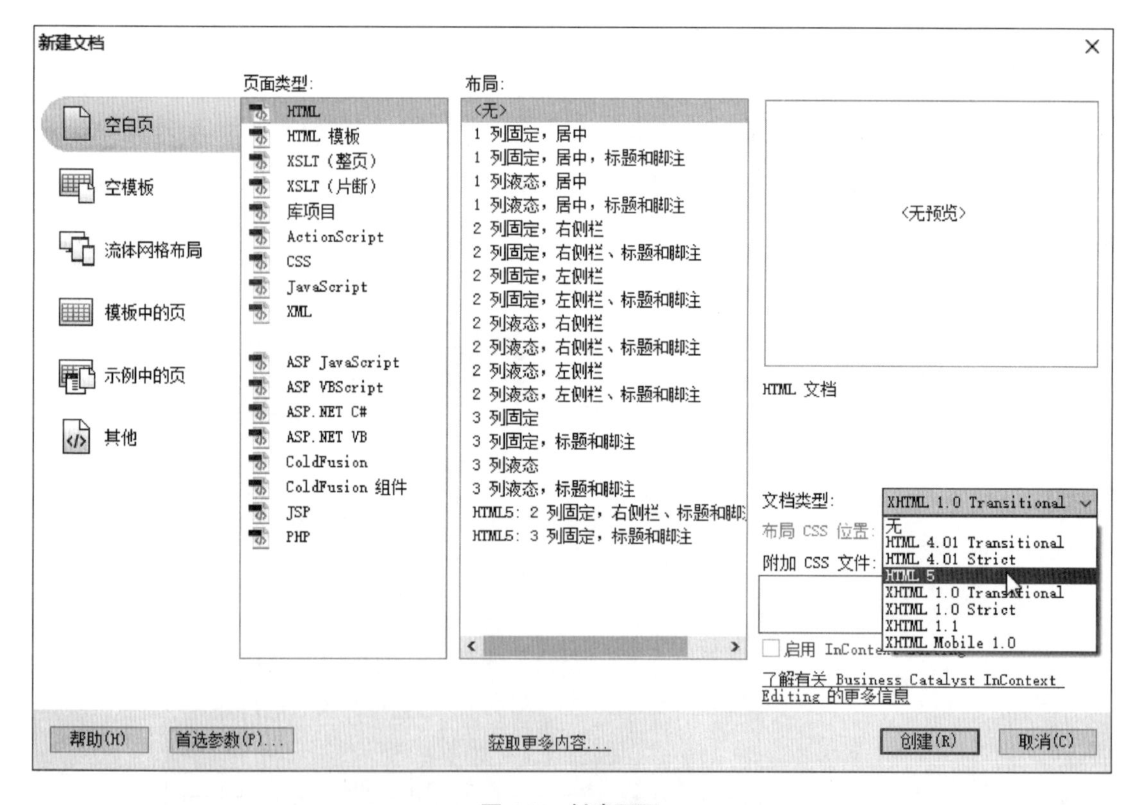

图 1-8　创建网页

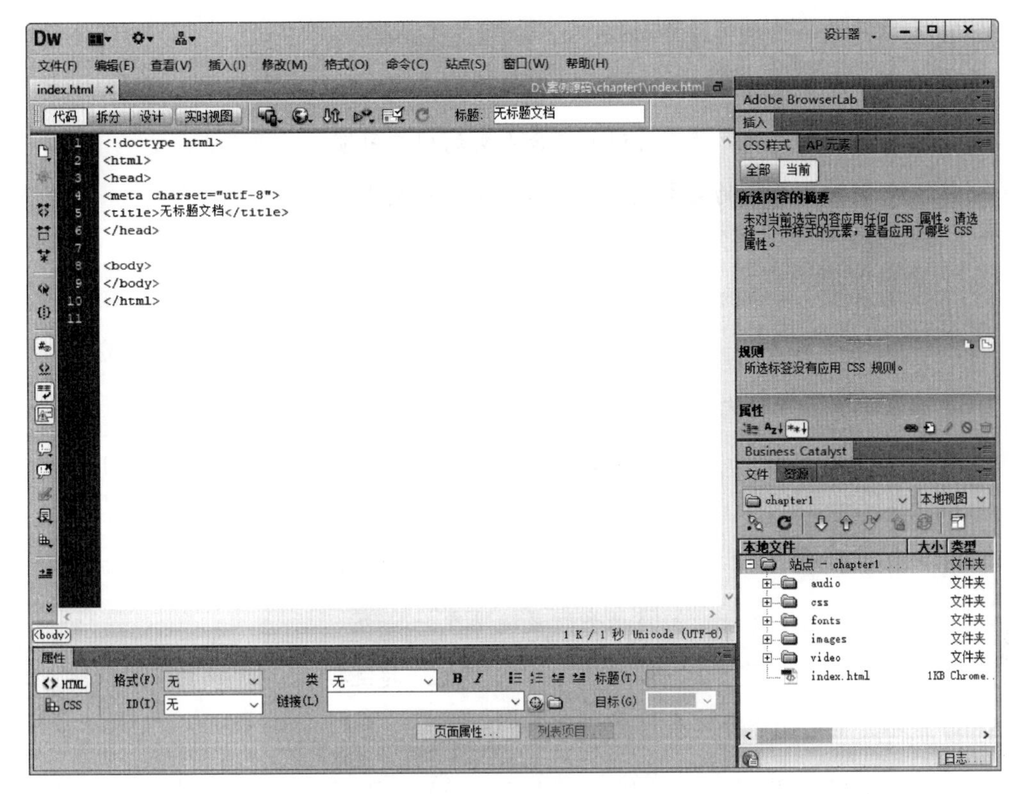

图 1-9　保存网页

可以继续对网页 index.html 进行编辑制作，也可以依据上述方法再创建其他的网页并保存在网站文件夹中。

小　结

本章首先介绍了网站和网页的概念、网页的组成元素和网站的构成及类型，接着又介绍了 HTML 和浏览器的基本知识，以及常用的网站与网页开发工具，最后通过一个案例讲解了设计一个网站的基本过程。通过本章的学习，读者能理解网站和网页的相关知识以及 HTML 文件的结构，也能掌握网站开发的基本步骤，为后续章节的学习打好基础。

习　题

一、判断题

1. 首页是网站的门面，其功能是引导用户访问。　　　　(　　)

2. 不同网页的构成元素是完全不同的。　　　　(　　)

3. HTML 是指一种网络传输协议。 （ ）

4. 网页中可以插入的图像文件没有格式限制。 （ ）

5. 网页布局能决定网页是否美观并符合人类的视觉习惯。 （ ）

6. HTML 文档是普通的文本文件，它可以用任意文本编辑器。 （ ）

二、选择题

1. 下列不属于网页中常用的图像格式是（ ）。

   A. JPG　B. PNG　C. GIF　D. MP4

2. 显示在浏览器中的内容必须写在 HTML 文件的（ ）标记内。

   A. <head>　B. <body>　C. <link>　D. <title>

3. Dreamweaver 是（ ）软件。

   A. 图像处理　B. 网页编辑　C. 字处理　D. 动画制作

4. 一个网站是通过（ ）将很多网页链接在一起的。

   A. 文字　B. 超媒体　C. 超链接　D. 图像

5. 下面不是常用的浏览器软件的是（ ）。

   A. Internet Explorer　B. Word　C. Firefox　D. Google Chrome

三、简答题

1. 简要描述网页和网站的概念。

2. 常用的网站类型有哪些？各有什么特点？

第 2 章 基本的 HTML 标签

HTML5 中引入了很多新的标签元素和属性，这是 HTML5 的一大亮点，这些新增元素使文档结构更加清晰明确，属性则使标签的功能更加强大，掌握这些元素和属性是正确使用 HTML5 构建网页的基础。本章将对 HTML5 中基本元素标签与新增元素标签的作用以及标准属性的使用方法予以详细介绍。

2.1 HTML 标签语法

在 HTML 语言中，标签是不区分大小写的，这是 HTML5 语法的重要特点。例如：

```
<p>这里的 p 标签大小写不一致 </P>
```

在上面的代码中，虽然 p 标签的开始标签与结束标签大小写并不匹配，但是在 HTML 5 语法中是完全合法的。

在 HTML 页面中，带有“<>”符号的元素称为 HTML 标签，如上面提到的 <html>、<head>、<body> 都是 HTML 标签。所谓标签就是放在“<>”标记符中表示某个功能的编码命令，也称为 HTML 标记或 HTML 元素，本书统一称作 HTML 标签。

1. 单标签和双标签

为了方便学习和理解，通常将 HTML 标记分为两大类：“双标记”与“单标记”。具体介绍如下：

（1）双标签：也称体标签，是指由开始和结束两个标签符组成的标签。其基本语法格式如下：< 标签名 > 内容 </ 标签名 >，该语法中“< 标签名 >”表示该标签的作用开始，一般称为“开始标签”，“</ 标签名 >”表示该标记的作用结束，一般称为“结束标签”。和开始标签相比，结束标签只是在前面加了一个关闭符“/”。

例如：

```
<h2> 网页平面设计免费公开课 </h2>
```

其中，<h2> 表示一个标题标签的开始，而 </h2> 表示一个标题标签的结束，在它们之间是标题内容。

（2）单标签：也称空标签，是指用一个标签符号即可完整地描述某个功能的标签。其基本语法格式如下：

```
< 标签名 >
```

例如：<hr> 为单标签，用于定义一条水平线。

通过上面的学习，已经了解 HTML 文档中的单标签和双标签。下面通过案例进一步演示 HTML 标签的使用。

案例 2-1　HTML 标签的使用。

案例源代码如下：

```
1  <!doctype html>
2  <html>
3  <head>
4  <meta charset="utf-8">
5  <title>Web 设计云课堂 </title>
6  </head>
7  <body>
8  <h2>Web 设计云课堂上线了 </h2>
9  <p> 更新时间 : 2020 年 07 月 28 日 14 时 08 分来源 : 网易 </p>
10 <hr>
11 <p>Web 设计云课堂是一个在线教育平台 , 可以实现晚上在家学习、在线直播教学、实时互动辅
   导等多种功能。</p>
12 </body>
13 </html>
```

在本例中，使用了不同的标签来定义网页，如标题标签 <h2>、水平线标签 <hr>、段落标签 <p>。程序运行结果如图 2-1 所示。

2. 注释标签

在 HTML 中还有一种特殊的标签——注释标签。如果需要在 HTML 文档中添加一些便于阅读和理解但又不需要显示在页面中的注释文字，就需要使用注释标签。其基本语法格式如下：

```
<!-- 注释语句 -->
```

例如，下面为 <p> 标签添加一段注释，代码如下：

```
<p> 这是一段普通的段落。</p>      <!-- 这是一段注释，不会在浏览器中显示。-->
```

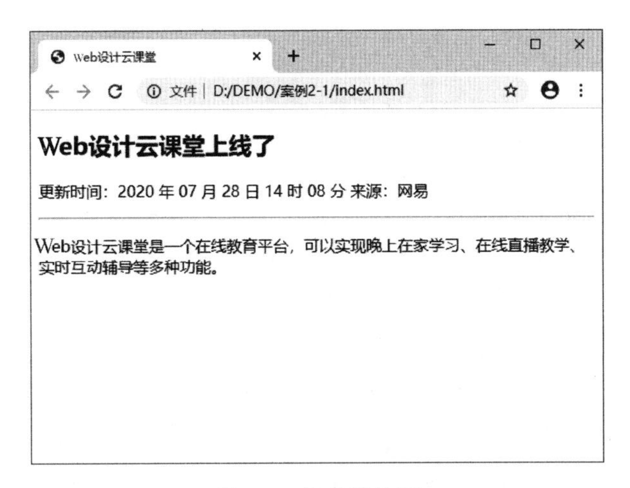

图 2-1　标签的使用

需要说明的是，注释内容不会显示在浏览器窗口中，但是作为 HTML 文档内容的一部分，可以被下载到用户的计算机上，查看源代码时就可以看到。

3．标签的属性

使用 HTML 制作网页时，如果想让 HTML 标签提供更多的信息，例如，希望标题文本的字体为“微软雅黑”且居中显示，段落文本中的某些名词显示为其他颜色加以突出。此时，仅依靠 HTML 标签的默认显示样式已经不能满足要求，需要使用 HTML 标签的属性加以设置。其基本语法格式如下：

```
< 标签名属性 1=" 属性值 1" 属性 2=" 属性值 2"…> 内容 </ 标签名 >
```

在上面的语法中，标签可以拥有多个属性，必须写在开始标签中，位于标签名后面。属性之间不分先后顺序，标签名与属性、属性与属性之间均以空格分开。任何标签的属性都有默认值，省略该属性则取默认值。例如：

```
<h1 align="center"> 标题文本 <h1>
```

其中，align 为属性名，center 为属性值，表示标题文本居中对齐，对于标题标签还可以设置文本左对齐或右对齐，对应的属性值分别为 left 和 right。如果省略 align 属性，标题文本则按默认值左对齐显示，也就是说 <h1></h1> 等价于 <h1 align="left"></h1>。

了解了标签的属性，下面在例 2-1 的基础上通过标签的属性对网页进一步修饰，案例源代码如下：

```
1  <!doctype html>
2  <html>
3  <head>
```

```
4  <meta charset="utf-8">
5  <title>web 设计云课堂 </title>
6  </head>
7  <body>
8  <h2 align="center">Web 设计云课堂上线了 </h2>
9  <p align="center"> 更新时间 :2020 年 07 月 28 日 14 时 08 分来源 : 网易 </p>
10 <hr size="2" color="#CCCCCC"/>
11 <p>Web 设计云课堂是 <strong> 大型 </strong> 在线教育平台 , 可以实现晚上在家学习、在线
   直播教学、实时互动辅导等多种功能 , 专注于网页、平面、UI 设计以及 Web 前端的培训。</p>
12 </body>
13 </html>
```

在本例中的第 8 行代码，将标题标签 <h2> 的 align 属性设置为 center，使标题文本居中对齐，第 9 行代码中同样使用 align 属性使段落文本居中对齐。另外，第 10 行代码使用水平线标签的 size 和 color 属性设置水平线为特定的粗细和颜色。程序运行结果如图 2-2 所示。

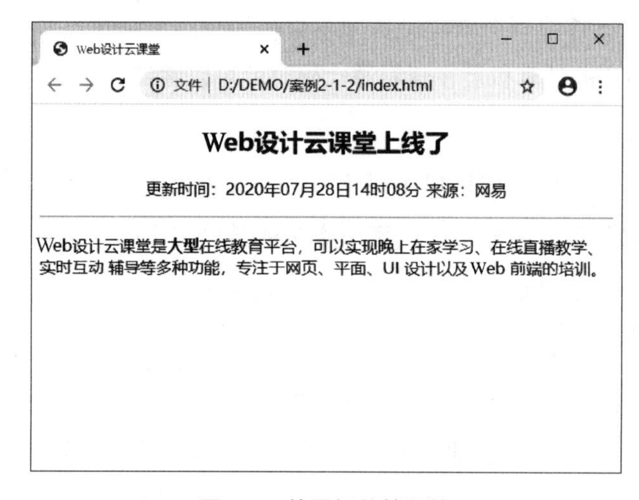

图 2-2　使用标签的属性

通过上例可以看出，在页面中使用标签时，想控制哪部分内容，就用相应的标签选择它，然后利用标签的属性进行设置。书写 HTML 代码时，经常会在一对标签之间再定义其他的标签，如上例中的第 11 行代码，在 <p> 标签中包含了 <strong> 标签。在 HTML 中，把这种标签间的包含关系称为标签的嵌套。上例中第 11 行代码的嵌套结构如下：

```
<p>Web 设计云课堂是 <strong> 大型 </strong> 在线教育平台 , 可以实现晚上在家学习、在线直播教学、实时互动辅导等多种功能 , 专注于网页、平面、UI 设计以及 Web 前端的培训。</p>
```

需要注意的是，在标签的嵌套过程中，必须先结束最靠近内容的标签，再按照由内及外的顺序依次关闭标签。例如，要想使段落文本加粗倾斜，可以将加粗标签 <strong> 和倾斜标签 <em> 嵌套在段落标签 <p> 中。例如：

```
<p><strong><em>我们正在学习标签的嵌套。</strong></em></p><!-- 错误的嵌套顺序 -->
<p><em><strong>我们正在学习标签的嵌套。</strong></em></p><!-- 正确的嵌套顺序 -->
```

需要说明的是，不合理的嵌套可能在一个甚至所有浏览器中通过，但是如果浏览器升级，新的版本不再允许这种违反标准的做法，那么修改源代码就会非常烦琐。

注意：本书在描述标签时，经常会用到“嵌套”一词，所谓标签的嵌套其实就是一种包含关系。其实网页中所显示的内容都嵌套在 <body></body> 标签中，而 <body></body> 又嵌套在 <html></html> 标签中。

2.2　文档头部标签

2.2.1　<title> 标签

<title> 标签用于定义 HTML 页面的标题，即给网页取一个名字，必须位于 <head></head> 标签之内。一个 HTML 文档只能包含一对 <title></title> 标签，<title></title> 之间的内容将显示在浏览器窗口的标题栏中。其基本语法格式如下：

```
<title> 网页标题名称 </title>
```

了解了页面标题标签 <title>，下面通过一个简单的案例 2-2 来演示 <title> 标签的用法。

案例 2-2　<title> 标签的使用。

案例源代码如下：

```
1  <!doctype html>
2  <html>
3  <head>
4    <meta charset="utf-8">
5    <title> 标题标签 title</title>
6  </head>
7  <body>
8    <p> 标题标签 title 用于显示网页标题名称 ,HTML 文档的标题将显示在浏览器的标题栏
     里。</p>
9  </body>
10 </html>
```

在本例的第 5 行代码中，使用 <title> 标签设置 HTML 5 页面的标题。在图 2-3 中，浏览器窗口标签上显示的文本即为 <title> 标签里的内容。程序运行结果如图 2-3 所示。

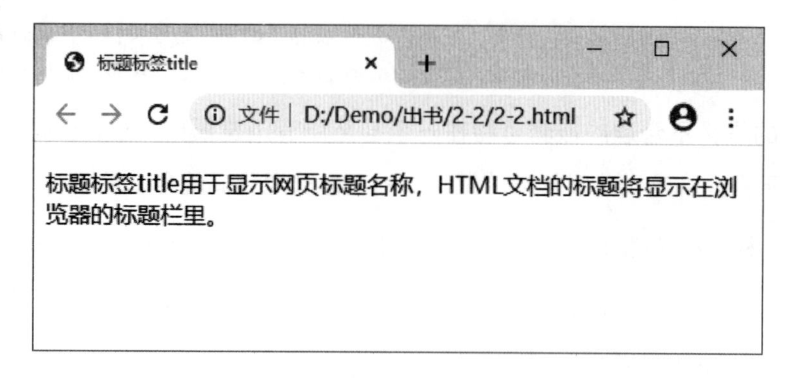

图 2-3　设置 <title> 标签

2.2.2　meta 标签

<meta> 标签用于定义页面的元信息，可重复出现在 <head> 头部标签中，在 HTML 中是一个单标签。<meta> 标签本身不包含任何内容，通过“名称 / 值”的形式成对地使用其属性可定义页面的相关参数。例如，为搜索引擎提供网页的关键字、作者姓名、内容描述，以及定义网页的刷新时间等。下面介绍 <meta> 标签常用的几组设置，具体如下：

1. <meta name=" 名称 "content=" 值 ">

在 <meta> 标签中使用 name/content 属性可以为搜索引擎提供信息，其中 name 属性提供搜索内容名称，content 属性提供对应的搜索内容值。具体应用如下：

（1）设置网页关键字，例如 Web 前端教程网站关键字的设置：

```
<meta name="keywords"  content=" 网页设计 ,UI 设计 , 图标设计 , 移动端 ">
```

其中，name 属性的值为 keywords，用于定义搜索内容名称为网页关键字，content 属性的值用于定义关键字的具体内容，多个关键字内容之间可以用“,”分隔。

（2）设置网页描述，例如 Web 前端教程网站描述信息的设置：

```
<meta name="description"  content=" 网页设计 ,UI 设计 , 图标设计 , 移动端 ">
```

其中，name 属性的值为 description，用于定义搜索内容名称为网页描述，content 属性的值用于定义描述的具体内容。需要注意的是网页描述的文字不必过多。

（3）设置网页作者，例如可以为 Web 前端教程网站增加作者信息：

```
<meta name="author"  content=" 课件制作部 ">
```

其中，name 属性的值为 author，用于定义搜索内容名称为网页作者，content 属性的值用于定义具体的作者信息。

2. <meta http-equiv=" 名称 "content=" 值 ">

在 <meta> 标签中使用 http-equiv/content 属性可以设置服务器发送给浏览器的 HTTP 头部信息，为浏览器显示该页面提供相关的参数。其中，http-equiv 属性提供参数类型，content 属性提供对应的参数值。默认会发送 <meta http-equiv="Content-Type"content="text/html">，通知浏览器发送的文件类型是 HTML。具体应用如下：

（1）设置字符集，例如 Web 前端教程网站字符集的设置：

```
<meta http-equiv="Content-Type"  content="text/html;charset=utf-8">
```

其中，http-equiv 属性的值为 Content-Type，content 属性的值为 text/html 和 charset=utf-8，中间用"；"隔开，用于说明当前文档类型为 HTML，字符集为 utf-8（国际化编码）。utf-8 是目前最常用的字符集编码方式，常用的字符集编码方式还有 gbk 和 gb2312。

（2）设置页面自动刷新与跳转，例如定义某个页面 10 s 后跳转至北服官网：

```
<meta http-equiv="refresh"  content="10;url=http://www.biadu.com">
```

其中，http-equiv 属性的值为 refresh，content 属性的值为数值和 url 地址，中间用"；"隔开，用于指定在特定的时间后跳转至目标页面，该时间默认以秒为单位。

2.2.3 link 标签

一个页面往往需要多个外部文件的配合，在 <head> 中使用 <link> 标签可引用外部文件，一个页面允许使用多个 <link> 标签引用多个外部文件。其基本语法格式如下：

```
<link 属性 = "属性值" >
```

该语法中，<link> 标签的几个常用属性如表 2-1 所示。

表 2-1 link 标签的常用属性

属 性 名	常用属性值	描 述
href	URL	指定引用外部文档的地址
rel	stylesheet	指定当前文档与引用外部文档的关系，该属性值通常为 stylesheet，表示定义一个外部样式表
type	text/css	引用外部文档的类型为 CSS 样式表

例如，使用 <link> 标签引用外部 CSS 样式表：

```
<link rel="stylesheet"type="text/css"href="style.css">
```

上述代码，表示引用当前 HTML 文件所在文件夹中，文件名为 style.css 的 CSS 样式表文件。

2.3 文本控制标签

文本控制标签主要是针对网页中的文字内容进行外观控制，以达到文字格式清晰、排版美观的目的。本节将针对这类标签进行详细介绍。

2.3.1 标题和段落标签

1. 标题标签

为了使网页更具有语义化，经常会在页面中用到标题标签，HTML 提供了 6 个等级的标题，即 <h1>、<h2>、<h3>、<h4>、<h5> 和 <h6>，从 <h1> 到 <h6> 标题字号依次递减。其基本语法格式如下：

```
<hn align="对齐方式">标题文本</hn>
```

该语法中 n 的取值为 1~6，align 属性为可选属性，用于指定标题的对齐方式。下面通过一个简单的案例说明标题标签的使用。

案例 2-3　标题标签的使用。

案例源代码如下：

```
1  <!doctype html>
2  <html>
3  <head>
4  <meta charset="utf-8">
5  <title>标题标签的使用</title>
6  </head>
7  <body>
8    <h1>1 级标题</h1>
9    <h2>2 级标题</h2>
10   <h3>3 级标题</h3>
11   <h4>4 级标题</h4>
12   <h5>5 级标题</h5>
13   <h6>6 级标题</h6>
14 </body>
15 </html>
```

本例中使用 <h1>~<h6> 标签设置 6 种不同级别的标题。程序运行结果如图 2-4 所示。

图 2-4　设置标题标签

从图 2-4 可以看出，默认情况下标题文字是加粗左对齐的，并且从 <h1> 到 <h6> 字号递减。如果想让标题文字右对齐或居中对齐，就需要使用 align 属性设置对齐方式，其取值如下：left 设置标题文字左对齐（默认值）；center 设置标题文字居中对齐；right 设置标题文字右对齐。

注意：

- 一个页面中只能使用一个 <h1> 标签，常常用在网站的 logo 部分。
- 由于 h 元素拥有确切的语义，请选择恰当的标签来构建文档结构。禁止仅使用 h 标签设置文字加粗或更改文字的大小。

2. 段落标签

在网页中要把文字有条理地显示出来，离不开段落标签，就如同平常写文章一样，整个网页也可以分为若干个段落，而段落的标签就是 <p>。默认情况下，文本在段落中会根据浏览器窗口的大小自动换行。<p> 是 HTML 文档中最常见的标签，其基本语法格式如下：

```
<p align="对齐方式">段落文本</p>
```

该语法中 align 属性为 <p> 标签的可选属性，和标题标签 <h1>~<h6> 一样，同样可以使用 align 属性设置段落文本的对齐方式。下面通过一个案例来演示段落标签 <p> 的用法和其对齐方式。

案例 2-4　段落标签的使用。

案例源代码如下：

```
1  <!doctype html>
2  <html>
3  <head>
4    <meta charset="utf-8">
5    <title>段落标签的用法和对齐方式</title>
6  </head>
7  <body>
8    <p>Web前端开发是由网页制作演变而来的，名称上有着较为明显的时代特征。在互联网的演
     化进程中，网页制作是Web1.0时代的产物。那时网站主要内容是静态的。用户使用网站的行
     为也以浏览为主。2005年以后，互联网进入Web2.0时代。各种类似桌面软件的Web应用大
     量涌现，网站的前端由此发生了翻天覆地的变化。网页不再只是承载单一的文字和图片，各种
     富媒体让网页的内容更加生动，网页上软件化的交互形式为用户提供了更好的使用体验，这些
     都是基于前端技术实现的。</p>
9    <p align="left">职业描述</p>
10   <p align="center">职业技术</p>
11   <p align="right">入门门槛</p>
12 </body>
13 </html>
```

程序运行结果如图 2-5 所示。

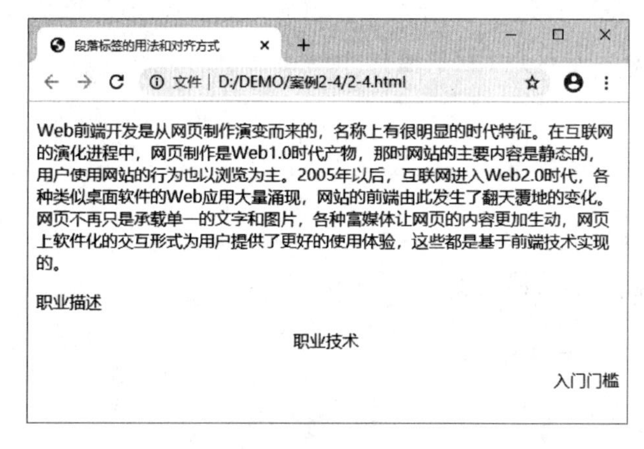

图 2-5　段落效果

在例 2-4 中，第一个 <p> 标签为段落标签的默认对齐方式，第二、三、四个 <p> 标签分别使用 align="left"、align="center" 和 align="right" 设置了段落左对齐、居中对齐和右对齐。

从图 2-5 可以看出，通过使用 <p> 标签，每个段落都会独占一行，并且段落之间拉开了一定的间隔距离。

3. 换行标签

在 HTML 中，一个段落中的文字会从左到右依次排列，直到浏览器窗口的右端，然后

自动换行。如果希望某段文本强制换行显示，就需要使用换行标签
。

案例 2-5　换行标签的使用。

案例源代码如下：

```
1  <!doctype html>
2  <html>
3  <head>
4     <meta charset="utf-8">
5     <title>使用 br 标签换行 </title>
6  </head>
7  <body>
8     <p>使用 HTML 制作网页时通过 br 标签 <br> 可以实现换行效果 </p>
9     <p>如果像在 Word 中一样
10 敲回车换行就不起作用了 </p>
11 </body>
12 </html>
```

在例子中，分别使用换行标签
 和回车键两种方式进行换行，程序运行结果如图 2-6 所示。

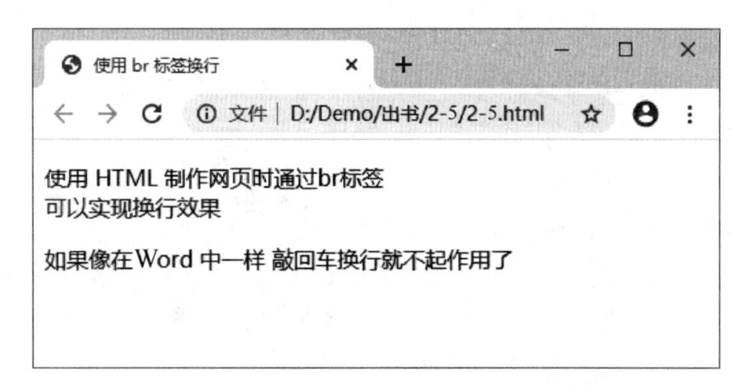

图 2-6　换行标签

从图 2-6 可以看出，使用回车键换行的段落在浏览器实际显示效果中并没有换行，只是多出了一个字符的空白，而使用换行标签
 的段落却实现了强制换行的效果。

注意：

 标签虽然可以实现换行的效果，但并不能取代结构标签 <h>、<p> 等。

2.3.2　文本样式标签

HTML 提供了文本样式标签 <font>，用以控制文本的字体、字号和颜色。其基本语法格式如下：

```
<font 属性 =" 属性值 "> 文本内容 </font>
```

常用的文本样式标签如表 2-2 所示。

表 2-2　<font> 标签的常用属性

属 性 名	含　义
Face	设置文字的字体
Size	设置文字的大小，可取 1~7 之间的整数
Color	设置文字的颜色

下面通过一个案例，具体演示 <font> 标签的使用方法。

案例 2-6　<font> 标签的使用。

案例源代码如下：

```
1  <!doctype html>
2  <html>
3  <head>
4    <meta charset="utf-8">
5    <title> 文本样式标签 </title>
6  </head>
7  <body>
8    <h2 align="center"> 使用 font 标签设置文本样式 </h2>
9    <p> 文本是默认样式的文本 </p>
10   <p><font size="2"color="blue"> 文本是 2 号蓝色文本 </font></p>
11   <p><font size="5"color="red"> 文本是 5 号红色文本 </font></p>
12   <p><font face=" 宋体 "size="7"color="green"> 文本是 7 号绿色文本 , 文本的字体
     是宋体 </font></p>
13 </body>
14 </html>
```

案例中第 10、11 行为 font 标签设置了不同的文本样式。程序运行结果如图 2-7 所示。

2.3.3　格式化文本标签

在网页中，有时需要为文字设置粗体、斜体或下画线效果，为此 HTML 准备了专门的文本格式化标签，使文字以特殊的方式显示。常用的文本格式化标签如表 2-3 所示。

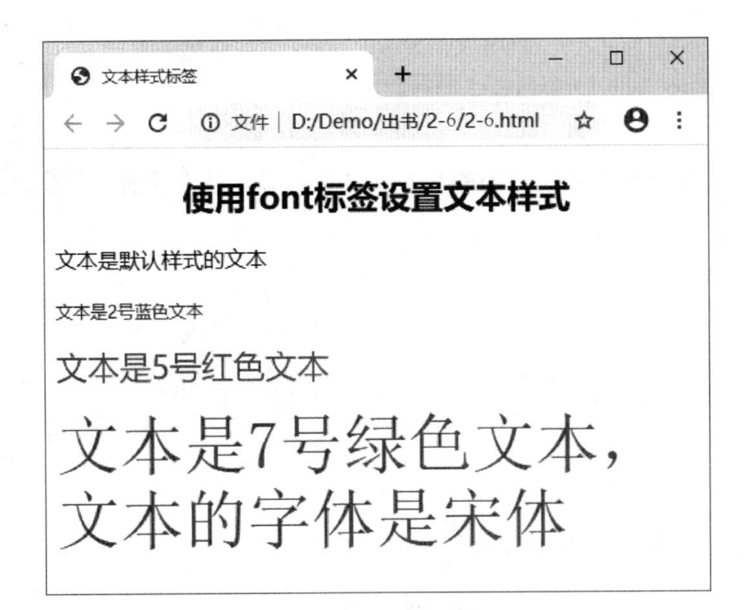

图 2-7　使用文本样式标签

表 2-3　常用的文本格式化标签

标　签	显 示 效 果
<b></b> 和 <strong></strong>	文字以粗体方式显示（b 定义文本粗体，strong 定义强调文本）
<i></i> 和 <em></em>	文字以斜体方式显示（i 定义斜体字，em 定义强调文本）
<s></s> 和 <del></del>	文字以加删除线方式显示（HTML5 中不建议使用 s）
<u></u> 和 <ins></ins>	文字以加下画线方式显示（HTML5 中不建议使用 u）

下面通过一个案例演示其中某些标签的效果。

案例 2-7　常用文本格式标签的使用。

案例源代码如下：

```
1  <!doctype html>
2  <html>
3  <head>
4    <meta charset="utf-8">
5    <title> 文本格式化标签的使用 </title>
6  </head>
7  <body>
8    <p>1. 正常显示的文本 </p>
9    <p><b>2. 使用 b 标签定义的加粗文本 </b></p>
10   <p><strong>3. 使用 strong 标签定义的强调文本 </strong></p>
11   <p><i>4. 使用 i 标签定义的倾斜文本 </i></p>
12   <p><em>5. 使用 em 标签定义的强调文本 </em></p><p><del>6. 使用 del 标签定义的删
     除线文本 </del></p>
```

```
13    <p><ins>7. 使用 del 标签定义的下画线文本 </ins></p>
14 </body>
15 </html>
```

案例中为段落文本分别应用不同的文本格式化标签，从而使文字产生特殊的显示效果。程序运行结果如图 2-8 所示。

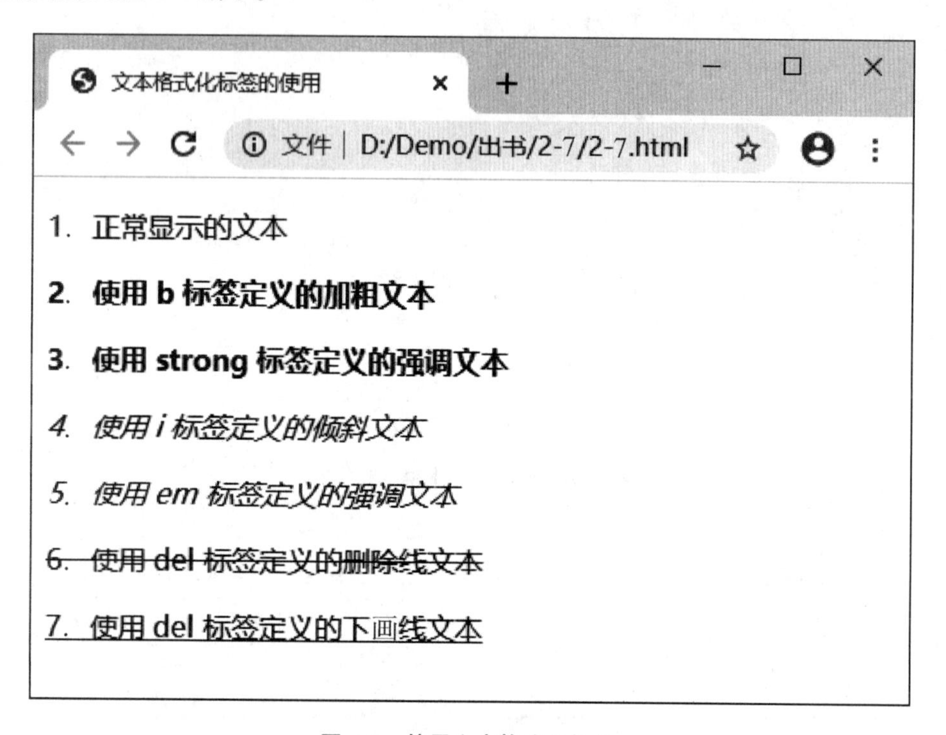

图 2-8　使用文本格式化标签

2.3.4　特殊字符标签

浏览网页时经常会看到一些包含特殊字符的文本，如数学公式、版权信息等。这些包含特殊字符的文本有些无法通过键盘直接敲击，有些会与 HTML 标签使用的符号冲突。为解决这一问题，HTML 为这些特殊字符准备了专门的替代代码，如表 2-4 所示。

表 2-4　常用特殊字符的表示

特 殊 字 符	描　述	字符的代码
	空格符	
<	小于号	<
>	大于号	>

续表

特殊字符	描　述	字符的代码
&	和号	&
¥	人民币	¥
©	版权	©
®	注册商标	®
°	摄氏度	°
±	正负号	±
×	乘号	×
÷	除号	÷
^{2}	平方（上标 2）	²
^{3}	立方（上标 3）	³

注意：

- 有一些字符对 HTML 来讲是有特殊意义的，像小于号（<）是用来定义 HTML 头标签的。如果想在浏览器中显示这类字符就必须在 HTML 代码中插入特殊字符。
- 特殊字符的代码通常由前缀“&”、字符名称和后缀为英文状态下的“;”组成。
- HTML 会自动截去多余的空格，不管加多少空格，都被看作一个空格。

案例 2-8　文本控制标签综合应用。

本节通过案例 2-8 进一步展示 HTML 中主要文本标签的用法。案例源代码如下：

```
1  <!doctype html>
2  <html>
3    <head>
4    <meta charset="utf-8">
5  <title> 凉州词 </title>
6  </head>
7  <body>
8    <h1 align="center"> 凉州词 </h1>
9    <p align="right"><em> 作者 : 王翰 </em></p>
10   <p><font color="blue"> 葡萄美酒夜光杯 ,</font><p>
11   <p><ins> 欲饮琵琶马上催。</ins></p>
12   <p><font color="blue"> 醉卧沙场君莫笑 ,</font></p>
13   <p><del> 古来征战几人回。</del></p>
14   <p align="center"> 版权所有 &copy; 仿冒必究 </p>
15 </body>
16 </html>
```

程序运行结果如图 2-9 所示。

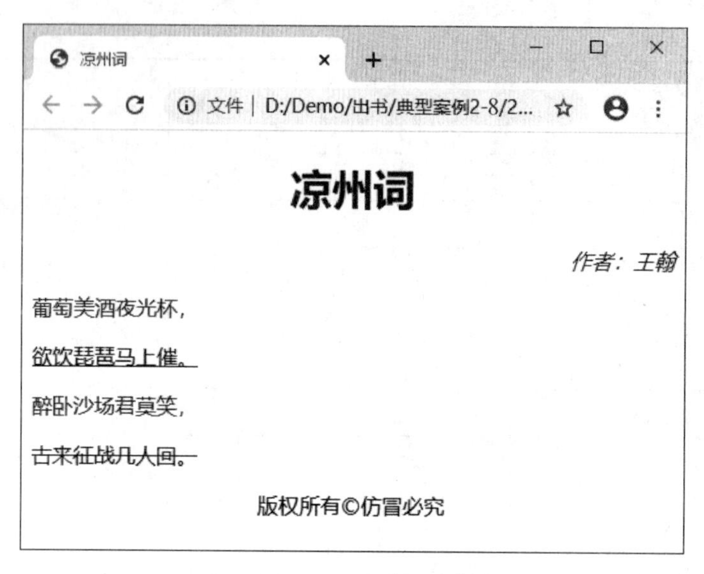

图 2-9　文本标签的应用

案例 2-8 中，在每个段落中分别使用不同的文本格式化标记：第一个段落即题目设置为标题 1 样式；第二个段落即作者设置为斜体，靠右对齐；第三、五个段落设置为蓝色文本；第四个段落添加下画线效果；第六个段落设置为添加删除线效果；第七个段落设置为居中，并添加版权符号。

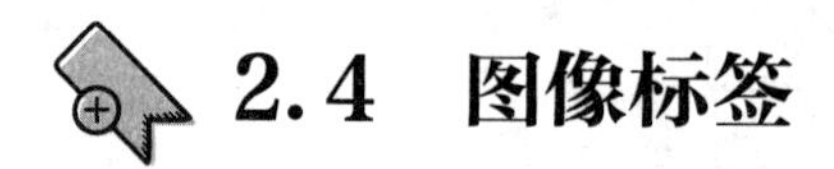

2.4　图像标签

2.4.1　支持的图像格式

如今，图像已经成为网络不可或缺的一部分，但情况并非一贯如此。直到 1993 年，Mosaic 浏览器才在网页内容中加入了图像。有些图像格式像 GIF 和 JPEG 当时已经存在，而 PNG 和 SVG 直到 20 世纪 90 年代才出现。图像在网页中的用途是多种多样的，如显示图片、品牌、插图、图表等。下面就介绍这几种常用的图像格式，以及如何将合适的图像格式应用于网页。

目前，网页上常用的图像格式主要有 GIF、JPG、PNG 和新兴的 svg 四种，具体区别如下：

1. GIF 格式

GIF 最突出的地方就是支持动画，同时 GIF 也是一种无损的图像格式，也就是说修改图片之后，图片质量几乎没有损失。再加上 GIF 支持透明（全透明或全不透明），因此很适合在互联网上使用。但 GIF 只能处理 256 种颜色，在网页制作中，GIF 格式常常用于 Logo、小图标，以及其他色彩相对单一的图像。

2. PNG 格式

PNG 包括 PNG-8 和真色彩 PNG（PNG-24 和 PNG-32）。相对于 GIF，PNG 最大的优势是体积更小，支持 alpha 透明（全透明、半透明、全不透明），并且颜色过渡更平滑，但不支持动画。通常，图片保存为 PNG-8 会在同等质量下获得比 GIF 更小的体积，而半透明的图片只能使用 PNG-24。

3. JPG 格式

JPG 所能显示的颜色比 GIF 和 PNG 要多得多，可以用来保存超过 256 种颜色的图像，但是 JPG 是一种有损压缩的图像格式，这就意味着每修改一次图像都会造成一些图像数据的丢失。JPG 是特别为照片图像设计的文件格式，网页制作过程中类似于照片的图像[如横幅广告（banner）、商品图片、较大的插图等]都可以保存为 JPG 格式。

4. SVG 格式

SVG（Scalable Vector Graphics，可缩放的矢量图形）是基于 XML（Extensible Markup Language，可扩展标记语言），由 World Wide Web Consortium（W3C）联盟进行开发的。严格来说，SVG 应该是一种开放标准的矢量图形语言，可让用户设计激动人心的、高分辨率的 Web 图形页面。用户可以直接用代码来描绘图像，可以用任何文字处理工具打开 SVG 图像，通过改变部分代码来使图像具有交互功能，并可以随时插入 HTML 中通过浏览器来观看。

2.4.2 绝对路径和相对路径

在使用计算机查找需要的文件时，需要知道文件的位置，而表示文件位置的方式就是路径。网页中的路径通常分为绝对路径和相对路径两种。具体介绍如下：

1. 绝对路径

绝对路径就是网页上的文件或目录在硬盘上的真正路径。例如，D:\HTML 5+CSS3\images\logo.gif，或完整的网络地址，例如 http://www.itcast.cn/images/logo.gif。

网页中不推荐使用绝对路径，因为网页制作完成之后需要将所有的文件上传到服务器，这时图像文件可能在服务器的 C 盘，也有可能在 D 盘、E 盘，可能在 aa 文件夹中，也有可能在 bb 文件夹中。也就是说，很有可能不存在 D:\HTML 5+CSS3\images\logo.gif

这样一个路径。

2. 相对路径

相对路径就是相对于当前文件的路径，相对路径不带有盘符，通常是以 HTML 网页文件为起点，通过层级关系描述目标图像的位置。总结起来，相对路径的设置分为以下三种：

（1）图像文件和 HTML 文件位于同一文件夹：只需要输入图像文件的名称即可，如 <img src="logo.gif"/>。

（2）图像文件位于 HTML 文件的下一级文件夹：输入文件夹名和文件名，之间用“/”隔开，如 <img src="img/img01/logo.gif">。

（3）图像文件位于 HTML 文件的上一级文件夹：在文件名之前加入“../”，如果是上两级，则需要使用“../../”，依此类推，如 <img src="../logo.gif">。

2.4.3 img 标签

HTML 网页中任何元素的实现都要依靠 HTML 标签，要想在网页中显示图像就需要使用图像标签，接下来将详细介绍图像标签 <img> 以及和它相关的属性。其基本语法格式如下：

```
<img src=" 图像 URL">
```

该语法中 src 属性用于指定图像文件的路径和文件名，它是 img 标签的必需属性。要想在网页中灵活地应用图像，仅靠 src 属性是不能够实现的。当然，HTML 还为 <img> 标签准备了很多其他的属性，具体如表 2-5 所示。

表 2-5 <img> 标签的属性

属 性	属 性 值	描 述
src	URL	图像的路径
alt	文本	图像不能显示时的替换文本
title	文本	鼠标悬停时显示的内容
width	像素	设置图像的宽度
height	像素	设置图像的高度
border	数字	设置图像边框的宽度
vspace	像素	设置图像顶部和底部的空白（垂直边距）
hspace	像素	设置图像左侧和右侧的空白（水平边距）

续表

属　性	属 性 值	描　述
align	left	将图像对齐到左边
	right	将图像对齐到右边
	top	将图像的顶端和文本的第一行文字对齐，其他文字居图像下方
	middle	将图像的水平中线和文本的第一行文字对齐，其他文字居图像下方
	bottom	将图像的底部和文本的第一行文字对齐，其他文字居图像下方

表 2-4 对 <img> 标签的常用属性做了简要的描述，下面进行详细讲解，具体如下：

1. 图像的替换文本属性 alt

由于一些原因导致图像无法正常显示，比如图片加载错误、浏览器版本过低等。因此，为页面上的图像加上替换文本是个很好的习惯，在图像无法显示时告诉用户该图像的信息，就需要使用图像的 alt 属性。

下面通过一个案例演示 alt 属性的用法。

案例 2-9　alt 属性的使用。

案例源代码如下：

```
2  <!doctype html>
3  <html>
4  <head>
5    <meta charset="utf-8">
6    <title>图像标签 img 的 alt 属性</title>
7  </head>
8  <body>
9    <img  src="logo.jpg"  alt="前端开发是创建Web页面或app等前端界面呈现给用户的过程">
10 </body>
11 </html>
```

在案例 2-9 中，在当前 HTML 网页文件所在的文件夹中放入文件名为 logo.jpg 的图像，并且通过 src 属性插入图像，通过 alt 属性指定图像不能显示时的替代文本。程序运行结果如图 2-10 所示。

如果图像不能显示，在谷歌浏览器中就会出现图 2-11 所示的效果。在过去网速比较慢的时候，alt 属性主要用于使看不到图像的用户了解图像内容。随着互联网的发展，现在显示不了图像的情况已经很少见了，alt 属性又有了新的作用。Google 和百度等搜索引擎在收录页面时，会通过 alt 属性的内容来分析网页的内容。因此，如果在制作网页时，能够为图像都设置清晰明确的替换文本，就可以帮助搜索引擎更好地理解网页内容，从而更有利于搜索引擎的优化。

图 2-10　图像正常显示

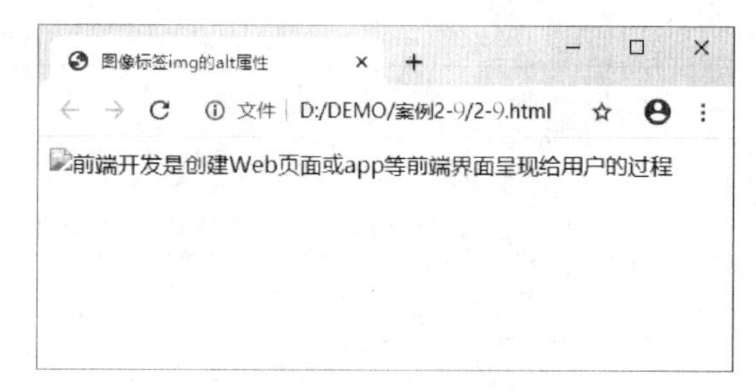

图 2-11　图像不能正常显示

2. 图像的宽度、高度属性 width、height

通常情况下，如果不给 <img> 标签设置宽和高，图片就会按照它的原始尺寸显示，当然也可以手动更改图片的大小。width 和 height 属性用来定义图片的宽度和高度，通常只设置其中的一个，另一个会按原图等比例显示。如果同时设置两个属性，且其比例和原图大小的比例不一致，显示的图像就会变形或失真。

3. 图像的边框属性 border

默认情况下图像是没有边框的，通过 border 属性可以为图像添加边框、设置边框的宽度，但边框颜色的调整仅通过 HTML 属性是不能够实现的。

了解了图像的宽度、高度以及边框属性后，下面使用这些属性对图像进行一些修饰。

案例 2-10　使用其他属性修饰图像。

案例源代码如下：

```
1  <!doctype html>
2  <html>
3  <head>
4    <meta charset="utf-8">
5    <title> 图像的宽高和边框属性 </title>
6  </head>
7  <body>
8    <img  src="logo.jpg"  alt=" 前端开发是创建 Web 页面或 app 等前端界面呈现给用户
       的过程 "  border="2">
9    <img  src="logo.jpg"  alt=" 前端开发是创建 Web 页面或 app 等前端界面呈现给用户
       的过程 "  width="120">
10   <img  src="logo.jpg"  alt=" 前端开发是创建 Web 页面或 app 等前端界面呈现给用户
       的过程 "  width="120"  height="100">
11 </body>
12 </html>
```

在案例 2-10 中，使用了三个 <img> 标签，对第一个 <img> 标签设置 2 像素的边框，对第二个 <img> 标签仅设置宽度，对第三个 <img> 标签设置不等比例的宽度和高度。程序运行结果如图 2-12 所示。

图 2-12　图像标签的宽高和边框属性

从图 2-12 容易看出，第一个图像显示为原尺寸大小，并添加了边框效果，第二个 img 标签由于仅设置了宽度按原图像等比例显示，第三个 img 标签则由于设置了不等比例的宽度和高度导致图片变形了。

4. 图像的边距属性 vspace 和 hspace

在网页中，由于排版需要，有时候还需要调整图像的边距。HTML 中通过 vspace 和 hspace 属性可以分别调整图像的垂直边距和水平边距。

5. 图像的对齐属性 align

图文混排是网页中很常见的效果，默认情况下图像的底部会相对于文本的第一行文字对齐。但是，在制作网页时经常需要实现其他的图像和文字环绕效果，例如，图像居左文字居右等，这就需要使用图像的对齐属性 align。下面实现网页中常见的图像居左、文字居右的效果。

案例 2-11　图像对齐属性的使用。

案例源代码如下：

```
1  <!doctype html>
2  <html>
3  <head>
4    <meta charset="utf-8">
5    <title> 图像的边距和对齐属性 </title>
6  </head>
7  <body>
8    <img  src="logo.jpg"  alt=" 前端开发是创建 Web 页面或 app 等前端界面呈现给用户
     的过程 "  border="1"  hspace="50"  vspace="20"  align="left"/>
9    前端开发是创建 Web 页面或 app 等前端界面呈现给用户的过程，通过 HTML、CSS 及
     JavaScript 以及衍生出来的各种技术、框架、解决方案，来实现互联网产品的用户界面交
     互 [1]。它从网页制作演变而来，名称上有很明显的时代特征。在互联网的演化进程中，网页
     制作是 Web1.0 时代的产物，早期网站主要内容都是静态，以图片和文字为主，用户使用网
     站的行为也以浏览为主。随着互联网技术的发展和 HTML5、CSS3 的应用，现代网页更加美观，
     交互效果显著，功能更加强大。
```

```
10 </body>
11 </html>
```

在案例 2-11 中，使用 hspace 和 vspace 属性为图像设置了水平边距和垂直边距。为了使水平边距和垂直边距的显示效果更加明显，同时给图像添加了 1 像素的边框，并且使用 align="left" 使图像左对齐。程序运行结果如图 2-13 所示。

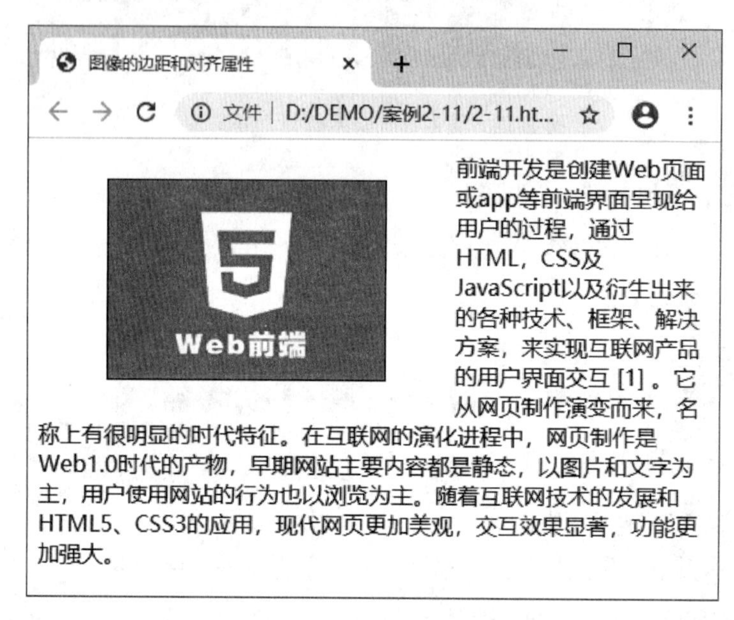

图 2-13　图像标签的边距和对齐属性

注意：

- HTML 不赞成图像标签 <img> 使用 border、vspace、hspace 及 align 属性，可用 CSS 样式替代。
- 网页制作中，装饰性的图像都不要直接插入 <img> 标签，而是通过 CSS 设置背景图像来实现。

案例 2-12　图像标签的综合应用。

本节通过案例 2-12，向大家进一步展示利用 HTML 标签实现图文混排的方法。案例源代码如下：

```
1  <!doctype html>
2  <html>
3  <head>
4    <meta charset="utf-8">
5    <title>Web 前端设计简介 </title>
6  </head>
7  <body>
```

```
8     <h2 align="center">Web 前端设计简介 </h2>
9     <p align="center">更新时间：2020 年 07 月 28 日 14 时 08 分来源：网易 </p>
10    <hr size="2"color="#CCCCCC"/>
11    <img  src="logo.jpg"  alt="Web 前端设计 "  align="left"  hspace="30"/>
12    <p>    <strong>Web 前端设计 </strong> 是创建 Web 页面或
      app 等前端界面呈现给用户的过程，通过 HTML、CSS 及 JavaScript 以及衍生出来的各种
      技术、框架、解决方案，来实现互联网产品的用户界面交互 [1]。它从网页制作演变而来，名
      称上有很明显的时代特征。在互联网的演化进程中，网页制作是 Web1.0 时代的产物，早期网
      站主要内容都是静态，以图片和文字为主，用户使用网站的行为也以浏览为主。随着互联网技
      术的发展和 HTML 5、CSS 3 的应用，现代网页更加美观，交互效果显著，功能更加强大。
13    </p>
14    <p>
15        <strong>Web 前端设计 </strong> 在 Web1.0 时代，由
      于网速和终端能力的限制，大部分网站只能呈现简单的图文信息，并不能满足用户在界面上的
      需求，对界面技术的要求也不高。随着硬件的完善、高性能浏览器的出现和宽带的普及，技术
      可以在用户体验方面实现更多种可能，前端技术领域迸发出旺盛的生命力。
16    </p>
17    <p>     迄今为止 <strong>Web 前端设计 </strong> 的核心
      技术是 HTML 语言。掌握 HTML 是网页的核心，是一种制作万维网页面的标准语言，是万维网
      浏览器使用的一种语言，它消除了不同计算机之间信息交流的障碍。因此，它是网络上应用最
      为广泛的语言，也是构成网页文档的主要语言，学好 HTML 是成为 Web 开发人员的基本条件。
18    </p>
19 </body>
20 </html>
```

图 2-14　图像标签的综合应用

在案例 2-12 中，通过设置图像的左对齐属性与水平边距，形成了图文混排的效果。

2.5 列表标签

为了使网页更易读，经常将网页信息以列表的形式呈现，例如，淘宝商城首页的商品服务分类，排列有序、条理清晰，呈现为列表的形式。为了满足网页排版的需求，HTML 语言提供了 3 种常用的列表元素，分别为 ul 元素（无序列表）、ol 元素（有序列表）和 dl 元素（定义列表），本节将对这 3 种元素进行详细讲解。

2.5.1 无序列表 <ul>

无序列表是网页中最常用的列表，之所以称为“无序列表”，是因为其各个列表项之间没有顺序级别之分，通常是并列的。例如，如果一个网站的导航栏结构清晰，各项之间排序不分先后，这个导航栏就可以看作一个无序列表。定义无序列表的基本语法格式如下：

```
<ul>
<li> 列表项 1</li>
<li> 列表项 2</li>
<li> 列表项 3</li>
...
</ul>
```

在上面的语法中，<ul></ul> 标签用于定义无序列表，<li></li> 标签嵌套在 <ul></ul> 标签中，用于描述具体的列表项，每对 <ul></ul> 中至少应包含一对 <li></li>。下面通过一个案例对无序列表的用法进行演示。

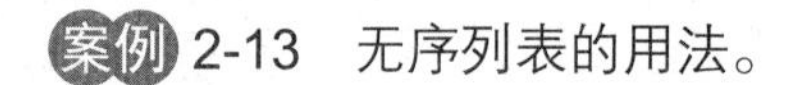

案例 2-13　无序列表的用法。

案例源代码如下：

```
1  <!doctype html>
2  <html lang="en">
3  <head>
4    <meta charset="UTF-8">
5    <title>ul 元素的使用 </title>
6  </head>
7  <body>
8    <ul>
```

```
9       <li> 前端标准规范 </li>
10      <li> 网页设计 </li>
11      <li> 前端编程 </li>
12      <li> 服务器端技术 </li>
13      <li> 前端框架技术 </li>
14    </ul>
15 </body>
16 </html>
```

程序运行结果如图 2-15 所示。

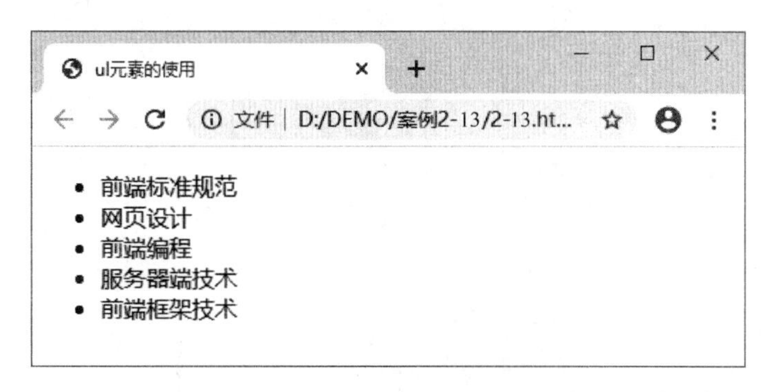

图 2-15　<ul> 标签使用效果展示

注意：

- 在 HTML 5 中不再支持该元素的 type 属性。
- <li> 与 </li> 之间相当于一个容器，可以容纳所有的元素。但是 <ul></ul> 中只能嵌套 <li></li>，直接在 <ul></ul> 标签中输入文字的做法是不被允许的。

2.5.2　有序列表 <ol>

有序列表即为有排列顺序的列表，其各个列表项按照一定的顺序排列，例如，网页中常见的歌曲排行榜、游戏排行榜等都可以通过有序列表来定义。定义有序列表的基本语法格式如下：

```
<ol>
<li> 列表项 1</li>
<li> 列表项 2</li>
<li> 列表项 3</li>
...
</ol>
```

在上面的语法中，<ol></ol> 标签用于定义有序列表，<li></li> 为具体的列表项，和无序列表类似，每对 <ol></ol> 中也至少应包含一对 <li></li>。在 HTML 5 中该元素还拥有 start 属性和 reversed 属性，其中 start 属性可以更改列表编号的起始值，reversed 属性表示是否对列表进行反向排序，默认值为 true。

下面通过一个案例对有序列表的用法进行演示。

案例 2-14　有序列表的用法。

案例源代码如下：

```
1  <!doctype html>
2  <html lang="en">
3  <head>
4    <meta charset="UTF-8">
5    <title>ol 元素的使用 </title>
6  </head>
7  <body>
8    <ol>
9      <li> 前端标准规范 </li>
10     <li> 网页设计 </li>
11     <li> 前端编程 </li>
12     <li> 服务器端技术 </li>
13     <li> 前端框架技术 </li>
14   </ol>
15 </body>
16 </html>
```

程序运行结果如图 2-16 所示。

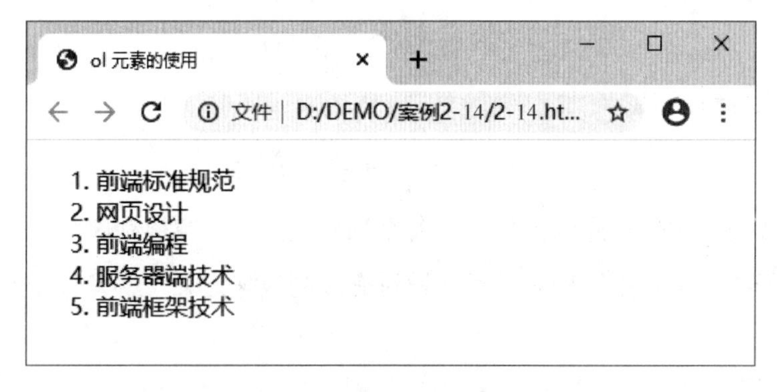

图 2-16　有序列表效果展示

如果需要更改列表编号的起始值，可修改第 8 行代码，例如，<ol start="2"> 保存后刷新页面，效果如图 2-17 所示。

从图 2-17 中可以看出，列表编号的起始值更改为了所设置的数字 2。如果希望列表进行反向排序，可继续修改第 8 行代码，例如：<ol start="2" reversed> 保存后刷新页面，效果如图 2-18 所示。

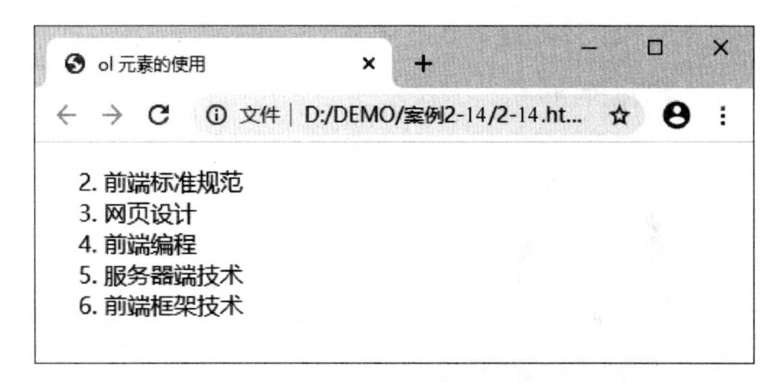

图 2-17　有序列表效果展示

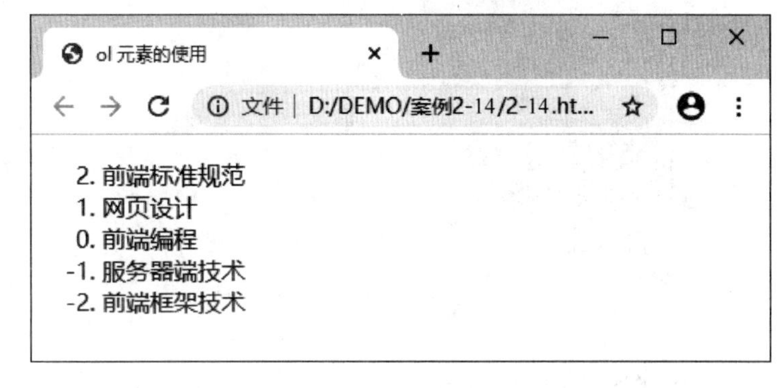

图 2-18　<ol> 标签使用效果展示

2.5.3　自定义列表 <dl>

定义列表常用于对术语或名词进行解释和描述，与无序和有序列表不同，定义列表的列表项前没有任何项目符号。其基本语法如下：

```
<dl>
<dt>名词 1</dt>
<dd>名词 1  解释 1</dd>
<dd>名词 1  解释 2</dd>
…
<dt>名词 2</dt>
<dd>名词 2  解释 1</dd>
<dd>名词 2  解释 2</dd>
…
</dl>
```

在上面的语法中，<dl></dl> 标签用于指定定义列表，<dt></dt> 和 <dd></dd> 并列嵌套于 <dl></dl> 中，其中，<dt></dt> 标签用于指定术语名词，<dd></dd> 标签用于对名词进行解释和描述。一对 <dt></dt> 可对应多对 <dd></dd>，即可对一个名词进行多项解释。下面通过一个案例对定义列表的用法进行演示。

案例 2-15　自定义列表的用法。

案例源代码如下：

```
1  <!doctype html>
2  <html lang="en">
3  <head>
4    <meta charset="UTF-8">
5    <title>dl 元素的使用 </title>
6  </head>
7  <body>
8    <dl>
9    <dt> 计算机 </dt>  <!-- 定义术语名词 -->
10     <dd> 用于大型运算的机器 </dd>  <!-- 解释和描述名词 -->
11     <dd> 可以上网冲浪 </dd>
12     <dd> 工作效率非常高 </dd>
13   </dl>
14 </body>
15 </html>
```

在本例中，定义了一个定义列表，其中 <dt></dt> 标签内为术语名词“计算机”，其后紧跟着三对 dd></dd> 标签，用于对 <dt></dt> 标签中的名词进行解释和描述。程序运行结果如图 2-19 所示。

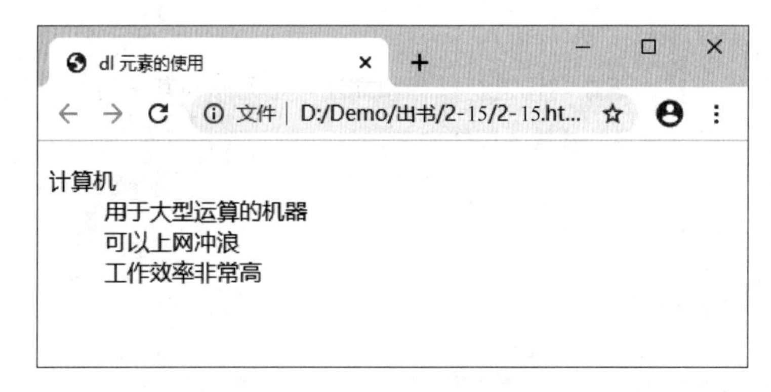

图 2-19　定义列表效果展示

从图 2-19 中可以看出，相对于 <dt></dt> 标签中的术语或名词，<dd></dd> 标签中解释和描述性的内容会产生一定的缩进效果。

案例 2-16　列表标签综合应用。

本节通过案例 2-16，进一步展示利用 HTML 标签，实现图文混排的方法。案例源代码如下：

```
1  <!doctype html>
2  <html>
3  <head>
4    <meta charset="utf-8">
5    <title>列表的嵌套应用 </title>
6  </head>
7  <body>
8    <ul>
9      <li>咖啡
10       <ul>
11         <li>摩卡 </li>
12         <li>蓝山 </li>
13       </ul>
14     </li>
15     <li>茶
16       <ul>
17         <li>红茶 </li>
18         <li>绿茶
19           <ol>
20             <li>龙井 </li>
21             <li>碧螺春 </li>
22           </ol>
23         </li>
24       </ul>
25     </li>
26     <li>牛奶 </li>
27   </ul>
28 </body>
29 </html>
```

程序运行结果如图 2-20 示。

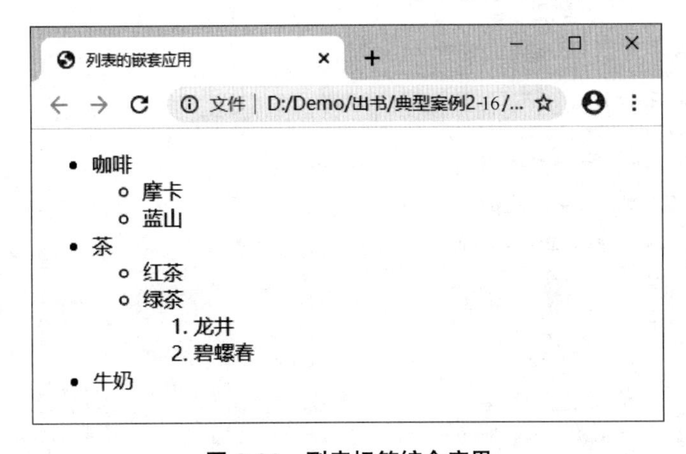

图 2-20　列表标签综合应用

在本例中使用列表时，列表项中有可能包含若干子列表项，要想在列表项中定义子列表项就需要将列表进行嵌套。

2.6 超链接标签

一个网站通常由多个页面构成，若想要从一个页面向另一个页面进行跳转，通常是通过超链接实现的，本节将对超链接标签进行详细讲解。

2.6.1 创建超链接

超链接虽然在网页中占有不可替代的地位，但是在 HTML 中创建超链接非常简单，只需用 <a></a> 标签包含需要被链接的对象即可。其基本语法格式如下：

```
<a href=" 跳转目标 "  target=" 目标窗口的弹出方式 "> 文本或图像 </a>
```

在上面的语法中，<a> 标签是一个行内标签，用于定义超链接，href 和 target 为其常用属性，具体解释如下：

（1）href：用于指定链接目标的 url 地址，当为 <a> 标签应用 href 属性时，它就具有了超链接的功能。

（2）target：用于指定链接页面的打开方式，其取值有 _self 和 _blank 两种，其中 _self 为默认值，意为在原窗口中打开，_blank 为在新窗口中打开。

下面创建一个带有超链接功能的简单页面。

案例 2-17　超级链接标签的使用。

案例源代码如下：

```
1  <!doctype html>
2  <html>
3  <head>
4     <meta charset="utf-8">
5     <title> 创建超链接 </title>
6  </head>
7  <body>
8     <a href="http://www.sina.com.cn/"target="_self"> 新浪 </a> target="_self" 原
      打开 <br/>
9     <a href="http://www.baidu.com/"target="_blank"> 百度 </a> target="_blank"
```

```
新窗口打开
    10 </body>
    11 </html>
```

在本例中，创建了两个超链接，通过 href 属性将它们的链接目标分别指定为“新浪”和“百度”。同时，通过 target 属性定义第一个链接页面在原窗口打开，第二个链接页面在新窗口打开。程序运行结果如图 2-21 示。

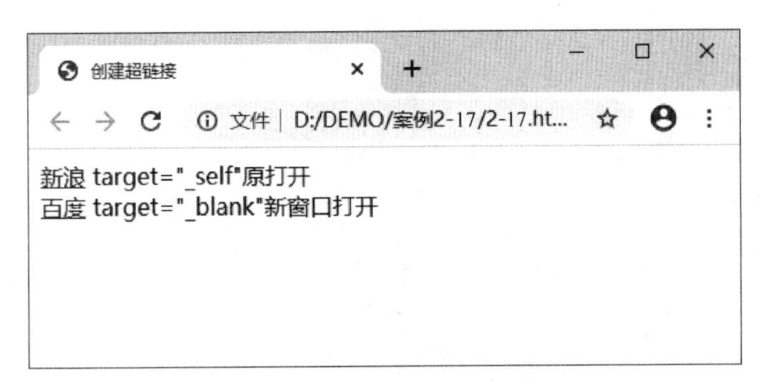

图 2-21　带有超链接的页面

在图 2-19 中，被超链接标签 <a></a> 包含的文本“新浪”和“百度”颜色特殊且带有下画线效果，这是因为超链接标签本身有默认的显示样式。当鼠标移到链接文本上时，光标变为手指的形状，同时，页面的左下方会显示链接页面的地址。当点击链接文本“新浪”和“百度”时，分别会在原窗口和新窗口中打开链接页面。

注意：

- 暂时没有确定链接目标时，通常将 <a> 标签的 href 属性值定义为“#”（即 href=“#”），表示该链接暂时为一个空链接。
- 不仅可以创建文本超链接，在网页中各种网页元素，如图像、音频、视频等都可以添加超链接。这一部分将在下节予以详细介绍。

2.6.2　超链接的分类

按照链接源分类，超链接通常可以分为文本超链接和非文本超链接两种。文本超链接是把文本作为源端点，而非文本超链接是用除文本外的其他对象作为源端点。例 2-17 介绍的就是最基本的文本链接。

按照链接目标来划分，超链接可分为外部链接和内部链接。内部链接的目标端点是本站点内的其他文档，可以实现同一站点内网页互相跳转。外部链接的目标端点在本站点之外，利用外部链接可以跳转到其他网站。例 2-17 设置的就是链入新浪和百度的外部链接。

下面通过案例分别演示各类超链接的显示效果。

案例 2-18　超链接标签的分类。

案例源代码如下：

```
1  <!doctype html>
2  <html>
3  <head>
4    <meta charset="utf-8">
5    <title>超链接分类</title>
6  </head>
7  <body>
8    文字链接链入百度:<br>
9    <a href="http://www.baidu.com.cn/">百度</a>
10   <br><br>
11   图像链接链入网页 2.html:<br>
12   <a href="2.html"><img  src="logo.jpg"></a>
13 </body>
14 </html>
```

本例中创建了两个超链接，文字链接和图像链接。如第 9 行代码所示，创建的是链入百度的外部文字链接。如第 12 行代码所示，文字“百度”用 <img> 标签替代，href 属性设置为同级网页名称 2.html，创建的是内部图像链接。程序运行结果如图 2-22 所示。

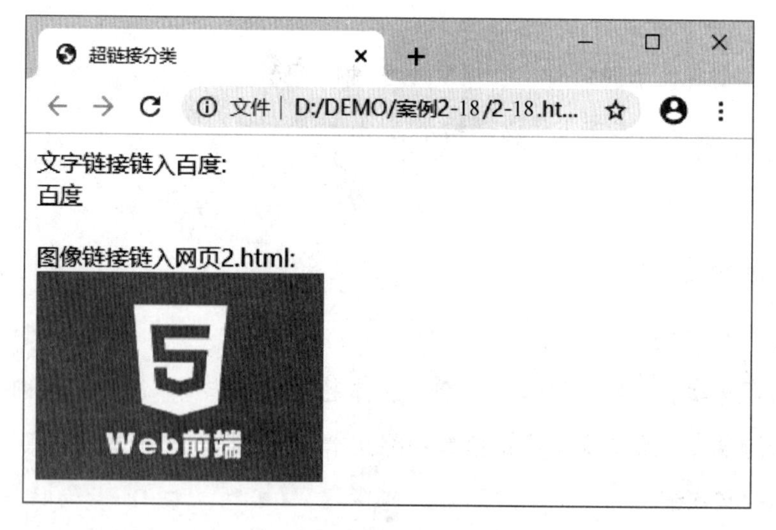

图 2-22　带有超链接的页面

在本例中，当点击链接文本“百度”时，页面会跳转到百度搜索引擎，如图 2-23 所示；当点击链接图像时，页面会跳转到网页 2.html，如图 2-24 所示。

图 2-23　外部链接页面图

2-24　内部链接页面

2.6.3　锚点链接

如果网页内容较多，页面过长，浏览网页时就需要不断地拖动滚动条来查看所需要的内容，这样效率较低且不方便。为了提高信息的检索速度，HTML 语言提供了一种特殊的链接——锚点链接，通过创建锚点链接，用户能够快速定位到目标内容。下面通过一个具体的案例来演示页面中创建锚点链接的方法。

案例 2-19　锚点链接的使用。

案例源代码如下：

```
1  <!doctype html>
2  <html>
3  <head>
4  <meta charset="utf-8">
5  <title> 锚点链接 </title>
6  </head>
7  <body>
8  专业介绍：
9  <ul>
10 <li><a href="#one"> 前端标准规范 </a></li>
11 <li><a href="#two"> 网页设计 </a></li>
12 <li><a href="#three"> 前端编程 </a></li>
13 <li><a href="#four"> 服务器端技术 </a></li>
```

```
14 <li><a href="#five">前端框架技术</a></li>
15 </ul>
16 <h3 id="one">前端标准规范</h3>
17 <p>Web前端开发规范的意义：提高团队的协作能力，提高代码的复用利用率。可以写出质量更
   高、效率更高的代码，为后期维护提供更好的支持。命名规则：命名使用英文语义化，禁止使用
   特殊字符，禁止使用拼音，禁止使用中英文混合！</p>
18 <br/><br/><br/><br/><br/><br/><br/><br/><br/><br/><br/><br/><br/>
   <br/>
19 <h3 id="two">网页设计</h3>
20 <p>网页设计(web design,又称Web UI design,WUI design,WUI),是根据企业希望向
   浏览者传递的信息(包括产品、服务、理念、文化),进行网站功能策划,然后进行的页面设计
   美化工作。作为企业对外宣传物料的其中一种,精美的网页设计,对于提升企业的互联网品牌形
   象至关重要。</p>
21 <br/><br/><br/><br/><br/><br/><br/><br/><br/><br/><br/><br/><br/><br/>
22 <h3 id="three">前端编程</h3>
23 <p>Web编程语言,分为Web静态语言和Web动态语言,Web静态语言就是通常所
   见到的超文本标记语言(标准通用标记语言下的一个应用),Web动态语言主要是用
   ASP,PHP,JavaScript,Java,CGI等计算机脚本语言编写出来的执行灵活的互联网网页程
   序。</p>
24 <br/><br/><br/><br/><br/><br/><br/><br/><br/><br/><br/><br/><br/>
   <br/>
25 <h3 id="four">服务器端技术</h3>
26 <p>Web服务端的开发技术也是由静态向动态逐渐发展、完善起来的。Web服务器技术主要包括
   服务器、CGI、PHP、ASP、ASP.NET、Servlet和JSP技术。</p>
27 <br/><br/><br/><br/><br/><br/><br/><br/><br/><br/><br/><br/><br/><br/>
28 <h3 id="five">前端框架技术</h3>
29 <p>熟悉掌握HTML、服务器端脚本语言、CSS和JavaScript之后,学习Web框架可以加
   快Web开发速度,节约时间。PHP程序员可选的框架包括CakePHP、CodeIgniter、Zend
   等,Python程序员喜欢使用Django和webpy,Ruby程序员常用RoR。</p>
30 </body>
31 </html>
```

在本例中，首先使用“<a href="#id 名"> 链接文本 </a>”创建链接文本，其中href=“#id 名”用于指定链接目标的 id 名称，如第 10~14 行代码所示。然后，使用相应的 id 名标标注跳转目标的位置。

图 2-25 所示即为一个较长的网页页面，当点击“前端：”下的链接时，页面会自动定位到相应的专业介绍部分。例如，点击标准规范“前端标准规范”时，页面效果如图 2-26 所示。

总结例 2-19 可以得出结论，创建锚点链接分为两步：

（1）使用“<a href="#id 名"> 链接文本 </a>”创建链接文本。

（2）使用相应的 id 名标注跳转目标的位置。

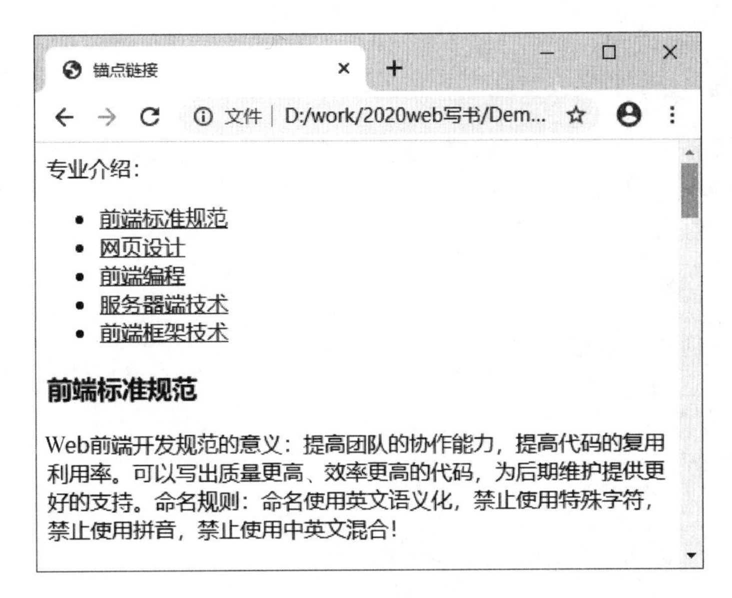

图 2-25　创建锚点链接

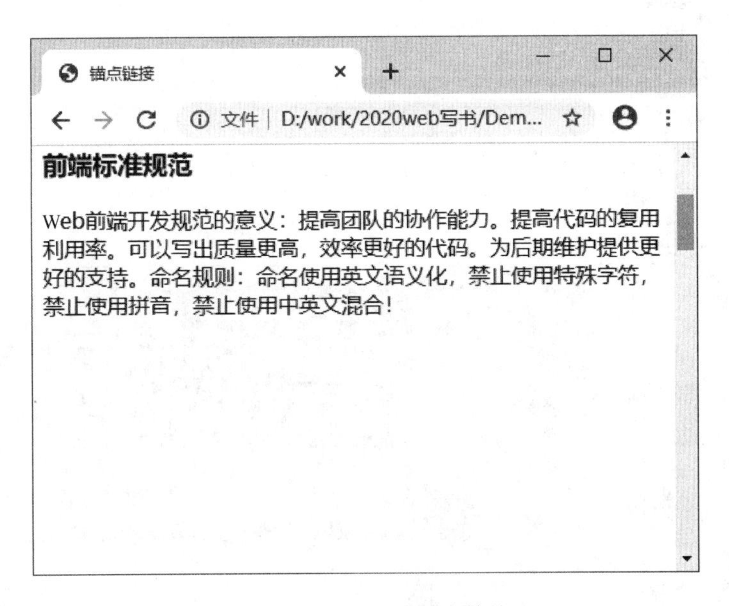

图 2-26　页面定位到相应的位置

案例 2-20　超链接综合应用。

本节通过案例 2-20，进一步展示超链接的使用方法。案例源代码如下：

```
1  <!doctype html>
2  <html>
3  <head>
4    <meta charset="utf-8">
5    <title>超链接的使用 </title>
6  </head>
```

```
7  <body>
8    <a name="top">
9    <a href="#1lou">1 楼 </a>
10   <a href="#2lou">2 楼 </a>
11   <a href="#3lou">3 楼 </a>
12   <br/>
13   <a name="1lou"></a>
14   <a href="http://www.baidu.com"><img  src="images/01.jpg"></a><br/>
15   <a href="#top"> 返回顶部 </a><br/>
16   <a name="2lou"></a>
17   <a href="2.html"><img  src="images/02.jpg"></a><br/>
18   <a href="#top"> 返回顶部 </a><br/>
19   <a name="3lou"></a>
20   <a href="#"><img  src="images/03.jpg"</a><br/>
21   <a href="#top"> 返回顶部 </a><br/>
22 </body>
23 </html>
```

程序运行结果如图 2-27 所示。

图 2-27　超链接综合应用

在本例中，首先需要定义锚点链接“1 楼”“2 楼”“3 楼”，其次设置跳转目标的位置，最后定义 1 楼图像超链接到“百度”，定义 2 楼图像链接到网页 2，定义 3 楼图像为空链接。

2.7　音频和视频标签

在 HTML 5 出现之前并没有将视频和音频嵌入页面的标准方式，多媒体内容在大多数情况下都是通过第三方插件或集成在 Web 浏览器的应用程序置于页面中。通过这样的方式实现的音视频功能，不仅需要借助第三方插件，而且实现代码复杂冗长，运用 HTML 5 中新增的 video 标签和 audio 标签可以避免这样的问题。

2.7.1　H5 支持的音视频格式

1. 视频格式

视频格式包含视频编码、音频编码和容器格式。在 HTML 5 中嵌入的视频格式主要包括 Ogg、MPEG 4、WebM 等，具体介绍如下：

（1）Ogg：指带有 Theora 视频编码和 Vorbis 音频编码的 Ogg 文件。

（2）MPEG 4：指带有 H.264 视频编码和 AAC 音频编码的 MPEG 4 文件。

（3）WebM：指带有 VP8 视频编码和 Vorbis 音频编码的 WebM 文件。

2. 音频格式

音频格式是指要在计算机内播放或者处理音频文件。在 HTML 5 中嵌入的音频格式主要包括 Vorbis、MP3、Wav 等，具体介绍如下：

（1）Vorbis：类似 ACC 的另一种免费、开源的音频编码，是用于替代 MP3 的下一代音频压缩技术。

（2）MP3：一种音频压缩技术，其全称是动态影像专家压缩标准音频层面 3（Moving Picture Experts Group Audio Layer III），简称为 MP3。这种设计用来大幅度地降低音频数据量。

（3）Wav：录音时用的标准的 Windows 文件格式，文件的扩展名为 WAV，数据本身的格式为 PCM 或压缩型，属于无损音乐格式的一种。

2.7.2 插入视频

在 HTML 5 中，video 标签用于定义播放视频文件的标准，它支持三种视频格式，分别为 Ogg、WebM 和 MPEG4。其基本语法格式如下：

```
<video src=" 视频文件路径 "  controls="controls"></video>
```

在上面的语法格式中，src 属性用于设置视频文件的路径，controls 属性用于为视频提供播放控件，这两个属性是 video 元素的基本属性。

下面通过一个案例演示插入视频的方法。

案例 2-21 在 HTML 5 中插入视频。

案例源代码如下：

```
1  <!doctype html>
2  <html>
3  <head>
4    <meta charset="utf-8">
5    <title>在 HTML 5 中插入视频 </title>
6  </head>
7  <body>
8    <video src="video/1.mp4" controls="controls">浏览器不支持 video 标签
9    </video>
10 </body>
11 </html>
```

在案例 2-21 中，第 8 行代码通过使用 video 标签来嵌入视频。程序运行结果如图 2-28 所示。

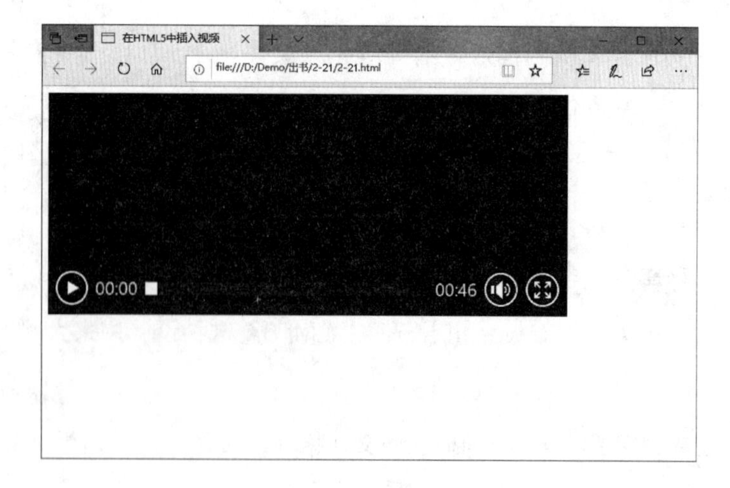

图 2-28 插入视频

图 2-28 显示的是视频未播放的状态，界面底部是浏览器添加的视频控件，用于控制视频播放的状态，当点击“播放”按钮时，即可播放视频，如图 2-29 所示。

图 2-29　播放视频

值得一提的是，在 video 元素中还可以添加其他属性来进一步优化视频的播放效果，具体如表 2-6 所示。

表 2-6　video 标签常用属性

属　性	值	描　述
autoplay	autoplay	当页面载入完成后自动播放视频
loop	loop	视频结束时重新开始播放
preload	preload	如果出现该属性，则视频在页面加载时进行加载，并预备播放。如果使用 autoplay，则忽略该属性
poster	url	当视频缓冲不足时，该属性值链接一个图像，并将该图像按照一定的比例显示出来

2.7.3　插入音频

在 HTML 5 中，audio 标签用于定义播放视频文件的标准，它支持三种视频格式，分别为 Ogg、WebM 和 MPEG4。其基本语法格式如下：

```
<audio src=" 音频文件路径 " controls="controls"></video>
```

在上面的语法格式中，src 属性用于设置视频文件的路径，controls 属性用于为视频提供播放控件，这两个属性是 audio 元素的基本属性。

下面通过一个案例演示插入视频的方法。

案例 2-22　在 HTML 5 中插入音频。

案例源代码如下：

```
1  <!doctype html>
2  <html>
3  <head>
4    <meta charset="utf-8">
5    <title>在 HTML 5 中插入音频</title>
6  </head>
7  <body>
8    <audio src="music/1.mp3" controls="controls">浏览器不支持 audio 标签</audio>
9  </body>
10 </html>
```

在例 2-22 中，第 8 行代码通过使用 audio 标签来嵌入音频。程序运行结果如图 2-30 所示。

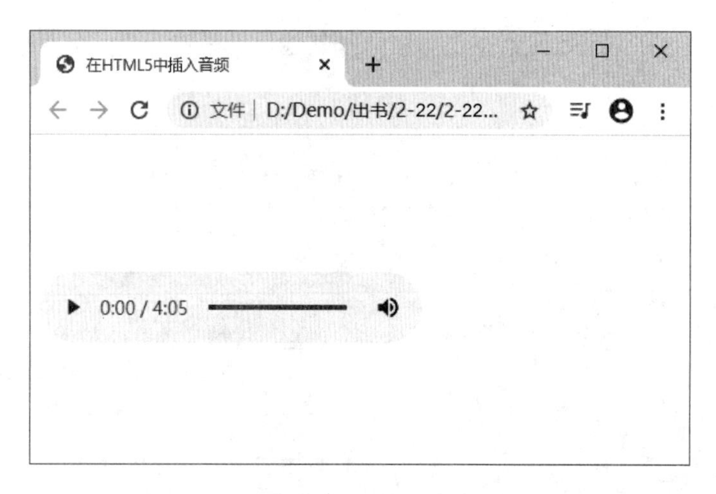

图 2-30　插入音频

图 2-30 显示的是音频控件，用于控制音频文件的播放状态，点击“播放”按钮时，即可播放音频文件。

值得一提的是，在 audio 元素中还可以添加其他属性进一步优化视频的播放效果，具体如表 2-7 所示。

表 2-7　audio 标签常用属性

属　性	值	描　述
autoplay	autoplay	当页面载入完成后自动播放音频
loop	loop	音频结束时重新开始播放

续表

属　性	值	描　述
preload	preload	如果出现该属性，则音频在页面加载时进行加载，并预备播放；如果使用 autoplay，则忽略该属性
poster	url	如果出现该属性，则音频在页面加载时进行加载，并预备播放；如果使用 autoplay，则忽略该属性

2.7.4　音频、视频中的 source 元素

在 HTML 5 中，运用 source 元素可以为 video 元素或 audio 元素提供多个备用文件。运用 source 元素添加音频的基本语法格式如下：

```
<audio controls="controls">
   <source src=" 音频文件地址 " type=" 媒体文件类型 / 格式 ">
   <source src=" 音频文件地址 " type=" 媒体文件类型 / 格式 ">
…
</audio>
```

source 元素一般设置两个属性：

（1）src：用于指定媒体文件的 URL 地址。

（2）type：指定媒体文件的类型。

2.7.5　浏览器的兼容性

到目前为止，很多浏览器已经实现了对 HTML 5 中 video 和 audio 元素的支持。各浏览器的支持情况如表 2-8 所示。

表 2-8　浏览器支持的音视频格式

音 频 格 式	Chrome	Firefox	IE9	Opera	Safari
OGG	支持	支持	支持	支持	不支持
MP3	支持	不支持	支持	不支持	支持
WAV	不支持	支持	不支持	支持	不支持

案例 2-23　音频、视频标签综合应用。

为了加深读者对网页多媒体标签的理解和运用，本节将通过案例的形式分步骤制作一

个音乐播放界面，案例源代码如下：

```
1  <!doctype html>
2  <html>
3  <head>
4    <meta charset="utf-8">
5    <title>为视频添加背景音乐</title>
6  </head>
7  <body>
8    <audio src="media/hetang.mp3" autoplay loop></audio>
9    <video src="media/hehua.mp4" autoplay controls loop></video>
10 </body>
11 </html>
```

在本例中，第 8 行和第 9 行分别在页面中添加了音频和视频，其中音频隐藏控制条，将其设置为背景音乐。程序运行结果如图 2-31 所示。

图 2-31　音频、视频标签综合应用

2.8　HTML 5 新增结构性标签

为了增强网页的可读性，HTML 5 提供了一系列语义标签用来描述网页的结构。这些特殊的标签可以见名知义，使页面的结构更加清晰，方便维护和开发。

HTML 5 语义结构标签包括 <article> 标签、<header> 标签、<nav> 标签、<section> 标签、<aside> 标签、<footer> 标签、<main> 标签、<figure> 和 <figcaption> 标签等。

1. <article> 标签

<article> 标签代表文档、页面或者应用程序中与上下文不相关的独立部分，该标签经常用于定义一篇日志、一条新闻或用户评论等。<article> 标签通常使用多个 section 标签进行划分，一个页面中 <article> 标签可以多次出现。

2. <header> 标签

HTML 5 中 <header> 标签是一种具有引导和导航作用的结构标签，包含放在页面头部的各种信息。<header> 标签用来放置页面内的一个内容区块标题，可以包含网站 Logo 图片、搜索表单或者其他相关内容。其基本语法格式如下：

```
<header>
   <h1> 网页主题 </h1>  …
</header>
```

3. <nav> 标签

<nav> 标签用于定义导航链接，是 HTML 5 新增的标签，可以将导航链接归纳在这个区域中，使页面标签的语义更加明确。导航标签可以链接到站点的其他页面，或者当前页的其他部分。例如：

```
<nav>
   <ul>
      <li><a href="#"> 首页 </li>
      <li><a href="#"> 公司概况 </li>
      <li><a href="#"> 产品展示 </li>
      <li><a href="#"> 联系我们 </li>
   </ul>
</nav>
```

在上面这段代码中，通过在 <nav> 标签内部嵌套无序列表 <ul> 搭建导航结构。通常，一个 HTML 页面中可以包含多个 <nav> 标签，作为页面整体或不同部分的导航。具体来说，<nav> 标签可以用于以下几种场合：

（1）传统导航条：目前主流网站上都有不同层级的导航条，其作用是跳转到网站的其他主页面。

（2）侧边栏导航：目前主流博客网站及电商网站都有侧边栏导航，目的是将当前文章或当前商品页面跳转到其他文章或其他商品页面。

（3）页内导航：其作用是在本页面几个主要的组成部分之间进行跳转。

（4）翻页操作：翻页操作切换的是网页的内容部分，可以通过点击“上一页”或“下一页”进行切换，也可以通过点击实际的页数跳转到某一页。

除了以上几点以外，<nav> 标签也可以用于其他重要的、基本的导航链接组中。

4. <section> 标签

<section> 标签用于对网站或应用程序中页面上的内容进行分块，一个 <section> 标签通常由内容和标题组成。

在使用 <section> 标签时，需要注意 <section> 标签和 <div> 标签的区别。它们都是分块标签，前者强调内容分块，后者强调空间分块。当一个分块容器需要直接定义样式或通过脚本定义行为时，推荐使用 <div> 标签。

如果使用 <article> 标签、<aside> 标签或 <nav> 标签，具有更加符合实际的语义，那么使用这些标签，不使用 <section> 标签。如果一个内容区块没有标题，就不使用 <section> 标签。

在 HTML 5 中，<section> 标签强调分段或分块，而 <article> 标签强调独立性。如果一块内容相对来说比较独立、完整时，应该使用 <article> 标签；但是如果想要将一块内容分成多段时，应该使用 <section> 标签。

5. <aside> 标签

<aside> 标签用来定义当前页面或者文章的附属信息部分，可以包含与当前页面或主要内容相关的引用、侧边栏、广告、导航条等。<aside> 标签有两种使用方法：一种是包含在 <article> 标签内部，作为主要内容的附属信息；另一种是在 <article> 标签之外使用，作为页面或站点全局的附属信息部分。最常用的使用形式是侧边栏，其中的内容可以是友情链接、广告单元等。

6. <footer> 标签

<footer> 标签用于定义一个页面或者区域的底部，包含放在页面底部的各种信息。在 HTML 5 之前，一般使用 <div id="footer"></div> 标签来定义页面底部，而通过 HTML 5 的 <footer> 标签可以轻松实现。

7. <main> 标签

<main> 标签呈现了文档或应用的主体部分。主体部分与文档直接相关，或者扩展文档中心主题、应用主要功能的部分内容。这部分内容在文档中应当是独一无二的，不包含任何在一系列文档中重复的内容，如侧边栏、导航栏链接、版权信息、网站 logo、搜索框等。

8. <figure> 和 <figcaption> 标签

在 HTML 5 中，figure 标签用于定义独立的流内容（图像、图表、照片、代码等），是一个独立单元。<figure> 标签的内容应该与主内容相关，但如果被删除，也不会对文档流产生影响。<figcaption> 标签用于为 <figure> 标签组添加标题，一个 <figure> 标签内最多

允许使用一个 <figcaption> 标签，该标签应该放在 <figure> 标签的第一个或者最后一个子标签的位置。

小　结

本章介绍了 HTML5 标签使用的语法规则，以及多种常用标签的使用方法和基本属性，包括结构标签、图像标签、超级链接标签等，最后提及了几种 HTML5 新增的结构性标签。通过本章的学习，读者可以独立完成简单图文混排页面的布局和制作。

习　题

一、判断题

1. title 标签对于网页来说可有可无。　（　　）
2. HTML 5 中新增了许多标签，用于强调网页结构的语义性。　（　　）
3. HTML 5 中 footer 标签用于定义章节或文档的页脚信息。　（　　）
4. Link 标签用于创建超链接。　（　　）
5. 网页中不可以使用 PNG 格式的图像。　（　　）
6. 可以通过 video 标签向网页中插入视频。　（　　）

二、选择题

1. 默认情况下，使用 p 标签会有的效果是（　　）。
   A. 在文字 p 所在位置中加入 8 个空格
   B. p 后面的文字会变成粗体
   C. 开始新的一行
   D. p 后面的文字会变成斜体
2. 用于使一行文本换行，而不是插入一个新的段落的标签是（　　）。
   A. <td>　　B.
　　C. <p>　　D. <h1>
3. 无序列表的标签是（　　）。
   A. ul　　B. ol　　C. dl　　D. list
4. 在 HTML 中，关于 img 标签说法错误的是（　　）。
   A. img 标签可用于在网页中插入图片
   B. img 标签是行级标签

C. img 标签的 title 属性可指定替代文本

D. img 标签的 src 属性用于指定图片路径

5. 在 HTML 中，以下（　　）标签表示超链接。

A. a　　B. href　　C. link　　D. hover

三、操作题

完成如图 2-32 所示的网页。

图 2-32

操作提示：

①设置网页标题为“UI 设计必备技能”。

②为网页添加合适的关键字和描述。

③将文字“梦想，只在奋斗的路上”设置为一级标题，居中对齐。

④将文字“年薪 20 万的 UI 设计师需要掌握什么？”设置为四级标题，居中对齐，倾斜。

⑤插入图像 tu.png，设置合适 alt 属性，令其在网页中居中显示，图像垂直外边距 10。

⑥设置正文段落首行空两个字符的空间。

⑦添加版权信息并居中对齐。

第 3 章 表格和表单

表格和表单是网页中的重要标签，利用表格可以对网页进行排版，使网页信息有条理地显示出来，而表单则是网页从单向的信息传递发展到能够与用户进行交互对话，实现了网上注册、网上登录、网上交易等多种功能。本章将对表格、相关标签、表单的相关标签，以及 CSS 控制表格与表单的样式进行详细讲解。

3.1 表格标签

3.1.1 <table> 标签

<table> 标签用来定义 HTML 表格。简单的 HTML 表格由 table 元素以及一个或多个 tr、th 或 td 元素组成。tr 元素定义表格行，th 元素定义表头，td 元素定义表格单元格。<table> 标签的常用属性如表 3-1 所示。

表 3-1　<table> 标签的常用属性

属　性	值	描　述
align	left right center	规定表格相对周围元素的对齐方式，依次为左对齐、右对齐、居中对齐
bgcolor	rgb（x，x，x） #xxxxxx colorname	规定表格的背景颜色
border	像素值	规定表格边框的宽度
cellpadding	像素值	规定单元边沿与其内容之间的空白
cellspacing	像素值	规定单元格之间的空白

续表

属 性	值	描 述
width	像素值	规定表格的宽度
height	像素值	规定表格的高度

1. align 属性

align 属性规定表格相对于周围元素的对齐方式，其可选属性值为 left、center、right。

2. bgcolor 属性

bgcolor 属性规定表格的背景颜色。

3. border 属性

border 属性规定围绕表格的边框的宽度。

border 属性会为每个单元格应用边框，并用边框围绕表格。如果 border 属性的值发生改变，那么只有表格周围边框的尺寸会发生变化，表格内部的边框则是 1 像素宽。例如，设置 border="0"，可以显示没有边框的表格。

4. cellpadding 属性

cellpadding 属性规定单元边沿与其内容之间的空白。

5. cellspacing 属性

cellspacing 属性规定单元格之间的空间。

注意不要将该属性与 cellpadding 属性相混淆，cellpadding 属性规定的是单元边沿与单元内容之间的空间。

6. width 属性

width 属性规定表格的宽度。如果没有设置 width 属性，表格会占用需要的空间来显示表格数据。

7. height 属性

height 属性规定表格的宽度。如果没有设置 height 属性，表格会占用需要的空间来显示表格数据。

8. background 属性

background 属性规定表格的背景图像。

3.1.2 <tr> 标签

<tr> 标签定义 HTML 表格中的行。tr 元素包含一个或多个 th 或 td 元素。<tr> 标签的

常用属性如表 3-2 所示。

表 3-2　<tr> 标签的常用属性

属　性	值	描　述
align	left right center justify	定义表格行的内容对齐方式，依次为左对齐、右对齐、居中对齐和两端对齐
bgcolor	rgb（x，x，x） #xxxxxx colorname	规定表格行的背景颜色
valign	top middle bottom	规定表格行中内容的垂直对齐方式
height	像素值	规定表格的行高

1. align 属性

align 属性规定表格行中内容的水平对齐方式，属性值为 right、left、center、justify。

2. bgcolor 属性

bgcolor 属性规定表格行的背景颜色。

3. valign 属性

valign 属性规定表格行中内容的垂直对齐方式，属性值为 top、middle、bottom。

4. height 属性

height 属性规定表格的行高。

3.1.3　<td> 标签

<td> 标签定义 HTML 表格中的标准单元格。

HTML 表格有两类单元格：

（1）表头单元：包含头部信息（由 th 元素创建）。

（2）标准单元：包含数据（由 td 元素创建）。

td 元素中的文本一般显示为正常字体且左对齐。<td> 标签的常用属性如表 3-3 所示。

表 3-3　<td> 标签的常用属性

属　性	值	描　述
align	left right center justify	规定单元格内容的水平对齐方式，依次为左对齐、右对齐、居中对齐和两端对齐
bgcolor	rgb（x，x，x） #xxxxxx colorname	规定单元格的背景颜色
colspan	正整数	规定单元格可横跨的列数
rowspan	正整数	规定单元格可横跨的行数
valign	top middle bottom	规定单元格内容的垂直排列方式
width	像素值	规定表格单元格的宽度
height	像素值	规定表格单元格的高度

3.1.4　<th> 标签

<th> 标签定义表格内的表头单元格。

HTML 表格有两类单元格：

（1）表头单元：包含头部信息（由 th 元素创建）。

（2）标准单元：包含数据（由 td 元素创建）。

th 元素内部的文本通常会呈现为居中的粗体文本，而 td 元素内的文本通常是左对齐的普通文本。

案例 3-1　表格的综合应用。

案例源代码如下：

```
1  <!doctype html>
2  <html>
3  <head>
4  <meta charset="utf-8">
5  <title>案例 3-1</title>
6  </head>
```

```
7 <body>
8 <table border="1"width="400"height="240"align="center">
9   <tr height="80"align="center"valign="center"bgcolor="#00CCFF">
10     <td> 姓名 </td>
11     <td> 性别 </td>
12     <td> 系别 </td>
13     <td> 籍贯 </td>
14   </tr>
15   <tr>
16     <td> 金明 </td>
17     <td> 女 </td>
18     <td> 服装工程与艺术学院 </td>
19     <td> 北京 </td>
20   </tr>
21   <tr>
22     <td> 张忠新 </td>
23     <td> 男 </td>
24     <td> 商学院 </td>
25     <td> 辽宁 </td>
26   </tr>
27   <tr>
28     <td> 臧悦 </td>
29     <td> 女 </td>
30     <td> 艺术设计学院 </td>
31     <td> 江苏 </td>
32   </tr>
33 </table>
34 </body>
35 </html>
```

程序运行结果如图 3-1 所示。

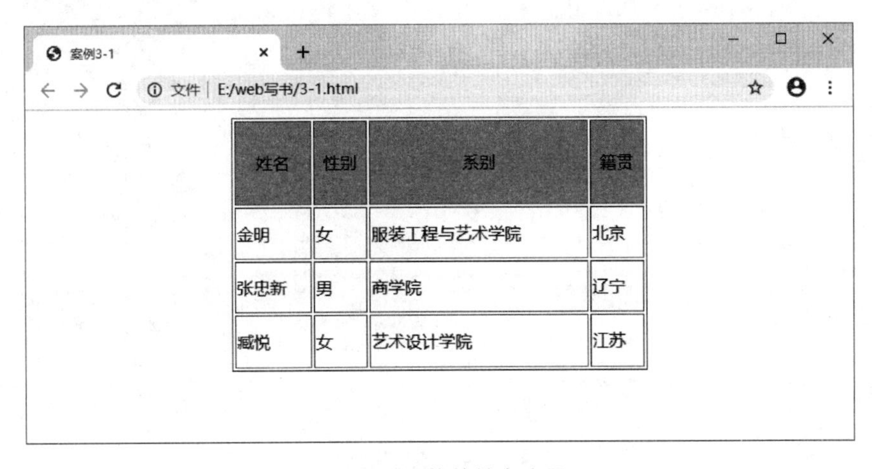

图 3-1　表格的综合应用

3.2 表 单

表单在网页中主要负责数据采集功能和向服务器传送数据。例如，注册页面的用户名和密码输入、网上订单页面等，都是以表单的形式来收集用户信息，并将这些信息传递给后台服务器，实现网页与用户间的数据传输和交互。本节将对表单进行详细讲解。

3.2.1 表单的构成

一个完整的表单，通常由表单控件、提示信息和表单域三部分构成，如图 3-2 所示。

（1）表单控件：包含了具体的表单功能，如文本框、密码框、复选框、单选按钮等。

（2）提示信息：表单中的一些说明性的文字，提示用户进行操作。

（3）表单域：相当于一个容器，用来容纳所有的表单控件和提示信息，可以通过表单域定义和处理表单数据所用程序的 URL 地址以及数据提交到服务器的方法。

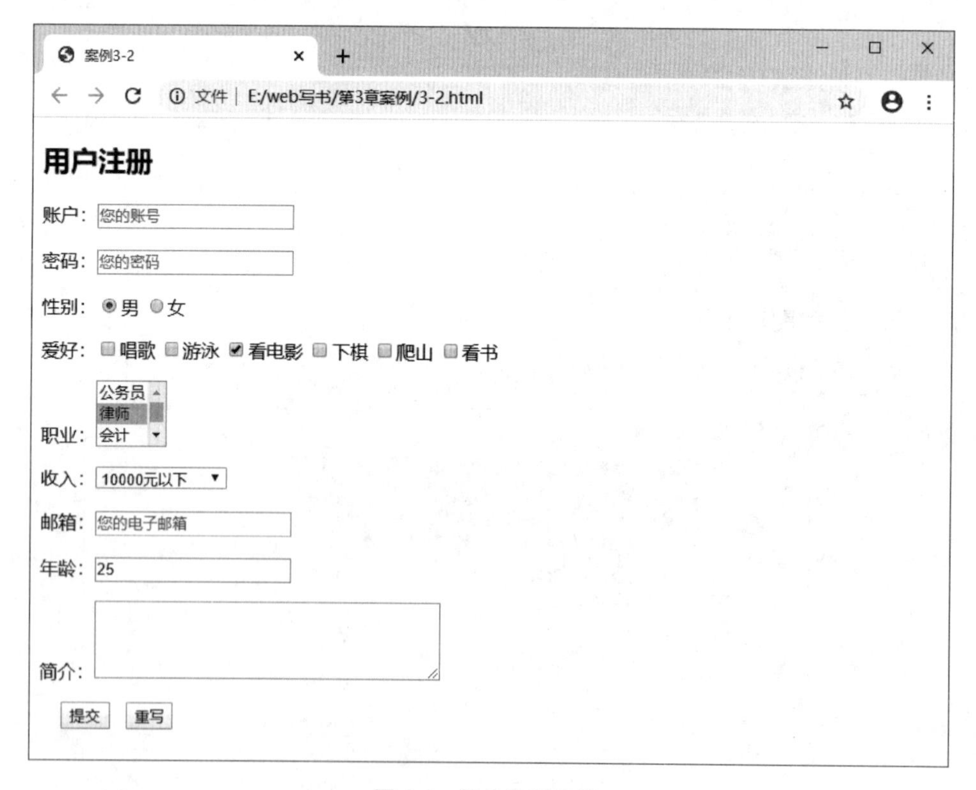

图 3-2 用户注册表单

3.2.2　表单的创建

<form></form> 标签用于创建表单，定义采集数据的范围，也就是 <form> 和 </form> 里面包含的数据将被提交到服务器或者电子邮件里。其基本语法格式如下：

```
<form action="url 地址 "method=" 提交方式 " name=" 表单名称 ">
  各种表单控件
</form>
```

3.2.3　表单的属性

1. Action 属性

Action 属性定义在提交表单时接收并处理表单数据的服务器程序的 url 地址。

2. Method 属性

Method 属性规定在提交表单时所用的 HTTP 方法（get 或 post）。

post 通过表单方式提交，数据采取加密方式传输，更安全；post 传输数据理论上没有限制；post 以流媒体形式传输，用于传输文件。

get 通过网页 url 传输数据，不安全，传递数据会显示在地址栏；get 传输数据有限制，不能传输大量数据。

3. Name 属性

Name 属性用于定义表单的名称。

4. Autocomplete 属性

Autocomplete 属性规定浏览器是否应该自动完成表单。自动完成表单是指将表单控件输入的内容记录下来，当再次输入时，会将输入的历史记录显示在下一个下拉列表中，以实现自动完成输入。

5. Novalidate 属性

Novalidate 属性规定浏览器不验证表单。

3.3　表单控件

HTML 语言提供了一系列的表单控件用于定义不同的表单功能，本节将详细讲解这些表单控件。

3.3.1 input 控件

input 标签为单标签，type 属性为其最基本属性。type 属性用于指定不同的控件类型。除了 type 属性之外，input 标签还可以定义很多其他属性。

```
<input type=" 控件类型 "/>
```

3.3.2 input 标签的 type 属性

根据不同的 type 属性值，输入字段拥有很多种形式。输入字段可以是单行文本框、复选框、单选按钮、文件域等。

1. 单行文本框 <input type="text"/>

单行文本框用于定义单行的输入字段，用户可在其中输入文本，默认宽度为 20 个字符。

2. 密码框 <input type="password"/>

密码框用于定义密码字段。密码字段中的字符会被掩码（显示为星号或原点）。

3. 单选按钮 <input type="radio"/>

单选按钮允许用户选取给定数目的选择中的一个选项。

4. 复选框 <input type="checkbox"/>

复选框允许用户在一定数目的选择中选取一个或多个选项。

5. 普通按钮 <input type="button"/>

用于定义可点击的按钮，但没有任何行为。button 类型常用于在用户点击按钮时启动 JavaScript 程序。

6. 提交按钮 <input type="submit"/>

提交按钮用于向服务器发送表单数据。数据会发送到表单的 action 属性中指定的页面。

7. 重置按钮 <input type="reset"/>

重置按钮用于清除表单中的所有数据。

8. 图像按钮 <input type="image"/>

用于定义图像形式的提交按钮。必须把 src 属性和 alt 属性与 <input type="image"> 结合使用。

```
<input type="image" src="submit.gif" alt="Submit"/>
```

9. 隐藏域 <input type="hidden"/>

隐藏域用于定义隐藏字段。隐藏字段对于用户是不可见的，通常会存储一个默认值，它的值也可以通过 JavaScript 进行修改。

10. 文件域 <input type="file"/>

用于文件上传。

11. email 类型 <input type="email"/>

用于输入 E-mail 地址的文本输入框，用来验证 email 输入框的内容是否符合 E-mail 邮件地址格式。

12. url 类型 <input type="url"/>

用于输入 URL 地址的文本框，用来验证输入的内容是否符合 URL 地址格式。

13. tel 类型 <input type="tel"/>

用于提供输入电话号码的文本框，通常会和 pattern 的属性配合使用。

14. number 类型 <input type="number"/>

用于提供输入数值的文本框，在提交表单时，会自动检查该输入框中的内容是否为数字。如果输入的内容不是数字，则会出现错误提示。

numbet 类型的输入框，可以对输入的数字进行限制，具体属性说明如下：

（1）value：指定输入框的初始值。

（2）max：指定输入框可以接收的最大的输入值。

（3）min：指定输入框可以接收的最小的输入值。

3.3.3　input 标签的其他属性

1. autofocus 属性

规定输入字段在页面加载时是否获得焦点。（不适用于 type="hidden"）

2. form 属性

规定输入字段所属的一个或多个表单。

3. list 属性

引用包含输入字段的预定义选项的 datalist。

4. multiple 属性

可接受多个值的文件上传字段。

5. max 属性

规定输入字段的最大值。请与 min 属性配合使用来创建合法值的范围。

6. min 属性

规定输入字段的最小值。请与 max 属性配合使用来创建合法值的范围。

7. step 属性

规定输入字的合法数字间隔。

8. pattern 属性

规定输入字段的值的模式或格式。例如，pattern="[0-9]" 表示输入值必须是 0 与 9 之间的数字。

9. placeholder 属性

placeholder 属性提供可描述输入字段预期值的提示信息。该提示会在输入字段为空时显示，并会在字段获得焦点时消失。

10. required 属性

required 属性规定必须在提交之前填写输入字段。如果使用该属性，则字段是必填（或必选）的。

11. checked 属性

checked 属性规定在页面加载时应该被预先选定的 input 元素。checked 属性与 <input type="checkbox"> 或 <input type="radio"> 配合使用。checked 属性也可以在页面加载后，通过 JavaScript 代码进行设置。

12. size 属性

size 属性规定输入字段的宽度。

对于 <input type="text"> 和 <input type="password">，size 属性定义的是可见的字符数。而对于其他类型，size 属性定义的是以像素为单位的输入字段宽度。

3.3.4 textarea 控件

<textarea> 标签定义多行的文本输入控件。文本区中可容纳无限数量的文本，可以通过 cols 和 rows 属性来规定 textarea 的尺寸，但更好的办法是使用 CSS 的 height 和 width 属性。表 3-4 所示为 textarea 可选属性，下面是一个典型的 textarea 标签代码。

```
<textarea rows=" 行数 "cols=" 列数 ">
    文本内容
</textarea>
```

表 3-4　textarea 可选属性

属　性	值	描　述
cols	正整数	规定文本区内的可见宽度，即列数
rows	正整数	规定文本区内的可见行数
name	用户自定义	规定文本区的名称
readonly	readonly	规定文本区为只读
disabled	disabled	规定禁用该文本区

3.3.5　select 控件

select 控件可创建单选或多选下拉菜单。select 控件中的 <option> 标签用于定义列表中的可用选项。

```
<select>
    <option> 选项 1</option>
    <option> 选项 2</option>
    <option> 选项 3</option>
    <option> 选项 4</option>
    …
</select>
```

1. <select> 标签的常用属性（见表 3-5）

表 3-5　<select> 标签的常用属性

属　性	值	描　述
multiple	multiple	规定可选择多个选项
required	required	规定文本区域是必填的
size	正整数	规定下拉列表中可见选项的数目
name	用户自定义	规定下拉列表的名称
disabled	disabled	规定禁用该下拉列表

2. <option> 标签的常用属性（见表 3-6）

表 3-6　<option> 标签的常用属性

属　性	值	描　述
selected	selected	规定选项（在首次显示在列表中时）表现为选中状态
disabled	disabled	规定此选项应在首次加载时被禁用
value	用户自定义	定义送往服务器的选项值

3.3.6　datalist 控件

datalist 控件定义选项列表，与 <input> 标签配合使用来定义 input 可能的值。datalist 及其选项不会被显示出来，它仅仅是合法的输入值列表。请使用 <input> 标签的 list 属性来绑定 datalist。

```
<inputtype="text"list="cars"/>
<datalist id="cars">
   <option>BMW</option>
   <option>Ford</option>
   <option>Volvo</option>
</datalist>
```

案例 3-2　制作用户注册表单。

案例源代码如下：

```
1   <!DOCTYPE html>
2   <html lang="en">
3   <head>
4     <meta charset="UTF-8">
5     <title>案例 3-2</title>
6   </head>
7   <body>
8   <h2>用户注册</h2>
9     <form>
10      <p><!--text 单行文本输入框 -->
11      账户:<input type="text"required name="user" id="user" placeholder="您的账号">
12      </p>
13      <p> <!--password 密码输入框 -->
14      密码:<input type="password" required name="pass" id="pass" placeholder=
        "您的密码">
```

```
15      </p>
16      <p> <!--radio 单选按钮 -->
17      性别 :<input type="radio" name="sex" value=" 男 "checked> 男
18              <input type="radio" name="sex" value=" 女 "> 女
19      </p>
20      <p> <!--checkbox 复选框 -->
21      爱好 :<input type="checkbox" name="like" value=" 音乐 "> 唱歌
22              <input type="checkbox" name="like" value=" 上网 "> 游泳
23      <input type="checkbox" name="like" value=" 看电影 "checked/> 看电影
24      <input type="checkbox" name="like" value=" 下棋 "> 下棋
25      <input type="checkbox" name="like" value=" 爬山 "> 爬山
26      <input type="checkbox" name="like" value=" 看书 "> 看书
27      </p>
28      <p> <!--select 控件 -->
29      职业 :<select size="3" name="work">
30              <option value=" 公务员 "> 公务员 </option>
31              <option value=" 律师 " selected> 律师 </option>
32              <option value=" 会计 "> 会计 </option>
33              <option value=" 教师 "> 教师 </option>
34              <option value=" 医生 "> 医生 </option>
35              <option value=" 学生 "> 学生 </option>
36              </select>
37      </p>
38      <p> <!--select 控件 -->
39      收入 :<select name="salary">
40              <option value="10000 元以下 ">10000 元以下 </option>
41              <option value="10000~20000 元 ">10000~20000 元 </option>
42              <option value="20000~30000 元 ">20000~30000 元 </option>
43              <option value="30000~40000 元 ">30000~40000 元 </option>
44              <option value="40000 元以上 ">40000 元以上 </option>
45      </select>
46      </p>
47      <p> <!--email 控件 -->
48      邮箱 :<input type="email" required name="email" id="email" placeholder=
        " 您的电子邮箱 ">
49      </p>
50      <p> <!--number 控件 -->
51      年龄 :<input type="number" name="age" id="age" value="25" autocomplete="off"
            placeholder=" 您的年龄 ">
52      </p>
53      <p> <!--textarea 控件 -->
54      简介 :<textarea name="think" cols="40" rows="4"></textarea>
55      </p>
56      <p> <!--submit 提交按钮  reset 重置按钮 -->
```

```
57          <input type="submit" name="submit" value=
        "提交"/>  
58      <input type="reset"name="reset"value="重写"/>
59      </p>
60    </form>
61 </body>
62 </html>
```

程序运行结果如图 3-3 所示。

图 3-3　用户注册表单

小　结

通过本章的学习，可以了解表格标签的使用，进而利用表格标签对网页进行排版。读者还可以熟悉表单标签的使用，从而实现网上注册、网上登录等页面的设计。

习　题

一、判断题

1. 控制文本框输入最大字符数的属性是 maxlength。　　　　（　　）

2. 在表单中构建复选框的标签是 radio。 (　　)

3. 在 HTML 中，下面 action 属性用于设置表单要提交的地址。 (　　)

4. 一个网页中只能有一个表单。 (　　)

5. type 执行表单元素的类型，默认为 text。 (　　)

二、选择题

1. 在网页中创建表单应使用下列（　　）标签。

A. <input>　　B. <option>　　C. <select>　　D. <form>

2. 在 HTML 中，将表单中 input 元素的 type 属性值设置为（　　）时，用于创建重置按钮。

A. reset　　B. set　　C. button　　D. image

3. 下列（　　）标签用于在网页中创建下拉菜单。

A. <button>　　B. <select>　　C. <radio>　　D. <form>

4. 下列（　　）标签用于在网页中创建表格。

A. <table>　　B. <tr>　　C. <td>　　D. <th>

5. 下列（　　）属性可以设置 textarea 控件显示的行数。

A. name　　B. cols　　C. rows　　D. disabled

三、编程题

1. 使用表格布局制作本学期课程表。

2. 使用表单制作技术设计制作登录表单，如图 3-4 所示。

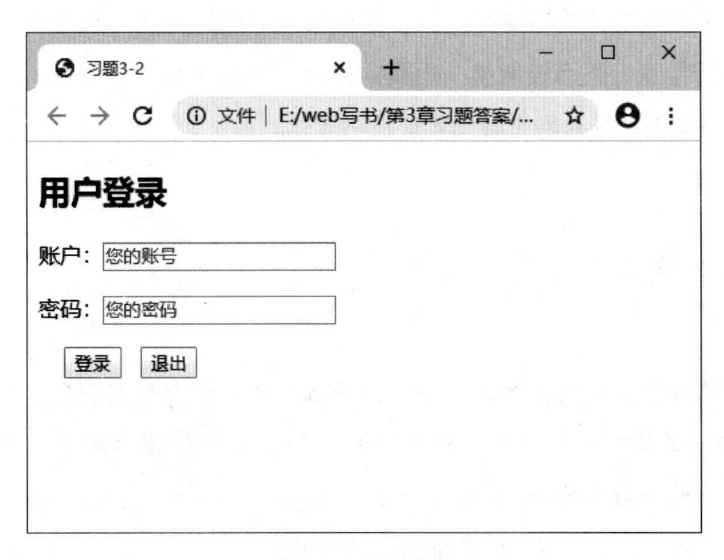

图 3-4　登录表单

第 4 章 用 CSS 修饰 HTML 标签

HTML 是搭建网站的基础语言，网站的显示效果由 CSS 进行设置，添加 CSS 样式不仅可以使页面更加美观，而且便于后期维护修改。本章将对 CSS 修饰 HTML 标签进行详细介绍。

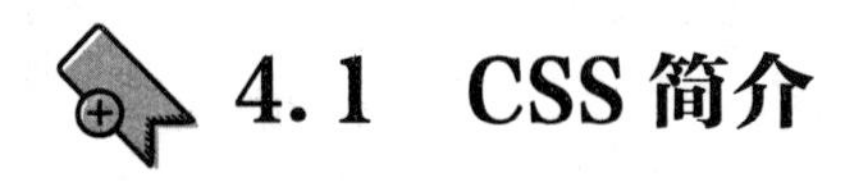

4.1 CSS 简介

4.1.1 CSS 的概念

CSS（Cascading Style Sheets，层叠样式表）是一种用来表现 HTML 或 XML（可扩展标记语言）等文件样式的计算机语言。CSS 的表现与 HTML 的内容相分离，CSS 通过对页面结构的风格进行控制，进而控制整个页面的风格。CSS 不仅可以静态地修饰网页，还可以配合各种脚本语言动态地对网页各元素进行格式化。

4.1.2 CSS 发展史

从 HTML 被发明开始，样式就以各种形式存在。不同的浏览器结合它们各自的样式语言为用户提供页面效果的控制。最初的 HTML 只包含很少的显示属性。随着 HTML 的成长，为了满足页面设计者的要求，HTML 添加了很多显示功能。但是随着这些功能的增加，HTML 变得越来越杂乱，而且 HTML 页面也越来越臃肿，于是便诞生了 CSS。

在 CSS 中，一个文件的样式可以从其他的样式表中继承。用户在有些地方可以使用自己更喜欢的样式，在其他地方则继承或“层叠”作者的样式。这种层叠的方式使作者和用户都可以灵活地加入自己的设计。

CSS3 是 CSS（层叠样式表）技术的升级版本，于 1999 年开始制定，2001 年 5 月 23 日 W3C 完成了 CSS3 的工作草案。CSS3 规范的一个新特点是被分为若干个相互独立的模块。一方面，分成若干较小的模块有利于规范及时更新和发布，及时调整模块的内容，这些模块独立实现和发布，也为日后 CSS 的扩展奠定了基础；另一方面，由于受支持设备和浏览器厂商的限制，设备或者厂商可以有选择地支持一部分模块，支持 CSS3 的一个子集，这样有利于 CSS3 的推广。

4.2　CSS 的添加方法

常见的 CSS 样式表的添加方法分别为行内式、嵌入式和链入式。

4.2.1　行内式

行内式是直接在 HTML 标签的 style 属性中添加 CSS。其基本语法格式如下：

```
<div style=" 属性 1: 属性值 1; 属性 2: 属性值 2; 属性 3: 属性值 3;"> 内容 </div>
```

这通常是个很糟糕的书写方式，只能改变当前标签的样式。如果想要多个 <div> 拥有相同的样式，不得不重复地为每个 <div> 添加相同的样式；如果想要修改一种样式，又不得不修改所有的 style 中的代码。很显然，行内方式引入 CSS 代码会导致 HTML 代码变得冗长，且使得网页难以维护。

4.2.2　嵌入式

嵌入式指的是在 HTML 头部的 <style> 标签下书写 CSS 代码。其基本语法格式如下：

```
<head>
<style type="text/css">
   选择器 { 属性 1: 属性值 1; 属性 2: 属性值 2; 属性 3: 属性值 3;}
</style>
</head>
```

嵌入式的 CSS 只对当前的网页有效。因为 CSS 代码是在 HTML 文件中，所以会使得代码比较集中，当写模板网页时通常比较有利。因为查看模板代码的人可以一目了然地查看 HTML 结构和 CSS 样式。因为嵌入的 CSS 只对当前页面有效，所以当多个页面需要引入相同的 CSS 代码时，这样写会导致代码冗余，也不利于维护。

4.2.3 链入式

链入式是将所有的样式放在一个或多个以 .css 为扩展名的外部样式表文件中，通过 link 标签将外部样式表文件链接到 HTML 文档中。其基本语法格式如下：

```
<head>
    <link href="CSS 文件路径 " type="text/css" rel="stylesheet"/>
</head>
```

link 标签的 3 个属性：

（1）href：定义所链接外部样式表文件的 URL 地址。

（2）type：定义所链接文档的类型。这里 text/css 表示链接的外部文件为 CSS 样式文件。

（3）rel：定义当前文档与被链接文档之间的关系。stylesheet 表示被链接的文档是一个样式表文件。

使用这种方式，所有的 CSS 代码只存在于单独的 CSS 文件中，所以具有良好的可维护性。并且，所有的 CSS 代码只存在于 CSS 文件中，CSS 文件会在第一次加载时引入，以后切换页面时只需加载 HTML 文件即可。

4.3 CSS 基础选择器

要使用 CSS 对 HTML 页面中的元素实现一对一、一对多或者多对一的控制，就需要用到 CSS 选择器。所谓的选择器就是供 HTML 标签选择的样式控制，HTML 页面中的元素就是通过 CSS 选择器进行控制的，通过 CSS 选择器选择需要添加样式的元素。

4.3.1 标签选择器

一个完整的 HTML 页面是有很多不同的标签组成的，而标签选择器则是决定哪些标签采用相应的 CSS 样式。其基本语法格式如下：

```
标签名 { 属性 1: 属性值 1; 属性 2: 属性值 2; 属性 3: 属性值 3;}
```

上述语法中，所有的 HTML 标签名都可以作为标签选择器的名称，如 body、p、hr、img 等。使用标签选择器最大的优点是能够快速地为页面中同种类型的标签统一设置样式。

4.3.2　类选择器

类选择器使用“.”英文点号进行标识，后面紧跟类名。其语法格式如下：

```
. 类名 { 属性 1: 属性值 1; 属性 2: 属性值 2; 属性 3: 属性值 3;}
```

上述语法中，类名就是 HTML 标签的 class 属性值。例如，在 CSS 中定义所有拥有 center 类的 HTML 元素的文本对齐方式为居中对齐，拥有 blue 类的 HTML 元素的文本颜色为蓝色。

```
.center{text-align:center}
.blue{color:blue}
```

在下面的 HTML 代码中，p 标签有 center 类和 blue 类。这意味着 p 标签的文本内容将水平居中对齐，且文本颜色为蓝色。

在一条 class 语句中可以引用多个类名，类名之间用空格隔开。

例如：

```
<p class="center blue">
   Hello World
</p>
```

4.3.3　id 选择器

id 选择器使用“#”进行标识，后面紧跟 id 名。其语法格式如下：

```
#id 名 { 属性 1: 属性值 1; 属性 2: 属性值 2; 属性 3: 属性值 3;}
```

上述语法中，id 名就是 HTML 标签的 id 属性值。例如，在 CSS 中定义所有拥有 font1 选择器的 HTML 元素的文本要加粗显示。

```
#font1{font-weight:bold;}
```

在下面的 HTML 代码中，p 标签有名为 font1 的 id 选择器。这意味着 p 标签的文本内容应该加粗显示。

```
<p id="font1">
   Hello World
</p>
```

注意：

类选择器定义一次后可以被反复引用，而 id 选择器定义一次后只能被引用一次，不能重复引用。这是为了 JavaScript 代码调用 id 时不能出现标识符重复的原因。

案例 4-1　CSS 选择器的使用。

案例源代码如下：

```
1  <!doctype html>
2  <html>
3  <head>
4  <meta charset="utf-8">
5  <title>案例 4-1</title>
6  <style type="text/css">       /*嵌入式CSS样式*/
7    #green{color:green;}        /*id选择器*/
8    .red{color:red;}            /*类选择器*/
9    #blue{color:blue;}          /*id选择器*/
10   .font1{font-size:22 px;}    /*类选择器*/
11   p{  /*标签选择器*/
12     font-family:"黑体";
13     text-decoration:underline;
14   }
15 </style>
16 </head>
17 <body>
18 <h2 id="green">独坐敬亭山</h2>
19 <p class="red font1">唐：李白</p>
20 <p class="font1">众鸟高飞尽,</p>
21 <p id="blue">孤云独去闲。</p>
22 <p>相看两不厌,</p>
23 <p>只有敬亭山。</p>
24 </body>
25 </html>
```

程序运行结果如图 4-1 所示。

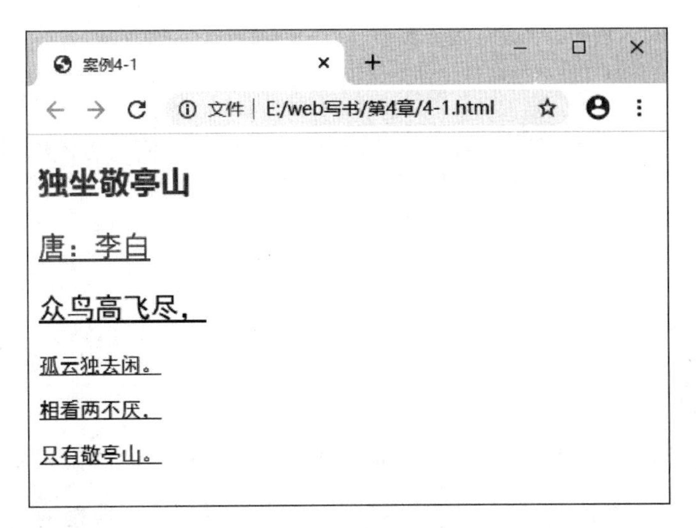

图 4-1　CSS 选择器的使用

4.3.4　通配符选择器

通配符选择器用“*”号表示，它能匹配页面中所有的标签，它设置的样式对所有的HTML 标签都生效。其基本语法格式如下：

```
*{ 属性 1：属性值 1；属性 2：属性值 2；属性 3：属性值 3；}
```

例如下面的代码，使用通配符选择器定义 CSS 样式。使得所有 HTML 标签的外边距和内边距均为 0。

```
*{
    margin:0;
    padding:0;
}
```

4.3.5　后代选择器

后代选择器也称包含选择器，用来选择特定元素或元素组的后代，将对父元素的选择放在前面，对子元素的选择放在后面，中间加一个空格分开。

例如下面的代码，使用 p 标签嵌套 em 标签时，构成的后代选择器 p em 定义的样式仅适用于嵌套在 p 标签中的 em 标签。

```
pem{color:red;}
```

后代选择器中的元素不仅只能有两个，对于多层祖先后代关系，可以用多个空格加以分开，如 p em strong。后代选择器是一种很有用的选择器，使用后代选择器可以更加精确地定位元素。

4.3.6 交集选择器

交集选择器由两个选择器直接连接构成，其中第一个选择器必须是标签选择器，第二个选择器必须是 class 类选择器或 id 选择器。这两个选择器之间不能有空格，必须连续书写。例如：

```
p.one{color:green;}  /* 交集选择器 */
```

交集选择器 p.one 定义的样式仅仅适用于 <p class="one"> 标签，不会影响到其他标签。

4.3.7 并集选择器

并集选择器是各个选择器通过逗号连接而成，选择器可以是标签名称，也可以是 id、class 名称。如果某些选择器定义的样式完全相同或部分相同，就可以利用并集选择器为它们定义相同的 CSS 样式。例如：

```
p,.color,#font{/* 并集选择器 */
    color:red;
    font-size:20px;
}
```

这种使用并集选择器集体定义样式的效果与各个选择器单独定义的效果完全相同，但是使用并集选择器书写代码更加简洁、高效。

4.4 链接伪类选择器

链接伪类选择器可看作是一种特殊的类选择符，是能支持 CSS 的浏览器自动识别的特殊选择符。其最大用处是为超链接指定不同的状态，使得超链接在单击前、单击后和鼠标悬停时的样式不同。在 CSS 中通过链接伪类可以实现不同的链接状态，下面将对链接伪类控制超链接的样式进行详细讲解。与超链接相关的 4 个伪类如表 4-1 所示。

表 4-1　超链接伪类

超链接伪类	描　述
a：link{CSS 样式规则; }	超链接的默认样式
a：visited{CSS 样式规则; }	超链接被访问之后的样式
a：hover{CSS 样式规则; }	鼠标经过、悬停时超链接的样式
a：active{CSS 样式规则; }	鼠标点击不放时超链接的样式

案例 4-2　超链接伪类的使用。

案例源代码如下：

```
1  <!doctype html>
2  <html>
3  <head>
4  <meta charset="utf-8">
5  <title>案例 4-2</title>
6  <style type="text/css">
7    a{margin-left:20 px;}       /*设置左边距为 20 px*/
8    a:link,a:visited{
9      color:#000;               /*设置默认和被访问之后的颜色为黑色*/
10     text-decoration:none;     /*设置下画线的效果为无*/
11   }
12   a:hover{
13     color:#093;               /*设置鼠标悬停时的颜色为绿色*/
14   }
15   a:active{color:red;}        /*设置鼠标点击不放时的颜色为红色*/
16 </style>
17 </head>
18 <body>
19   <a href="#">首页</a>
20   <a href="#">风景名胜</a>
21   <a href="#">美味佳肴</a>
22   <a href="#">著名人物</a>
23   <a href="#">联系我们</a>
24 </body>
25 </html>
```

程序运行结果如图 4-2 所示。

图 4-2　超链接伪类的使用

4.5　CSS 修饰文本

CSS 可以轻松方便地控制文本样式，本节将对常用的文本样式属性进行详细讲解。

4.5.1　设置字体类别

font-family：字体名称。例如：

```
p{font-family:黑体;}
```

也可以同时指定多个字体，中间用逗号隔开，如果字体名称包含空格，则应用引号将其括起来。例如：

```
p{font-family:Arial,"Times New Roman";}
```

4.5.2　设置字体尺寸

font-size：文字大小。例如：

```
p{font-size:16 px;}
```

其可用的属性值如下：

(1)em：以相对父标签字体大小的方式来设置字体大小。

(2)rem：相对于根 HTML 标签字体大小的方式设置字体大小。

(3)px：像素。

(4)in：英寸。

(5)cm：厘米。

4.5.3　设置字体粗细

font-weight：文字加粗。例如：

```
.one{font-weight:400;}
```

其可用的属性值如下：

（1）normal：默认值，定义标准字符。

（2）bold：定义粗体字符。

（3）bolder：定义更粗的字符。

（4）lighter：定义更细的字符。

（5）100~900（100 的整数倍）：定义由细到粗的字符。

4.5.4　设置字体的倾斜

font-style：字体的倾斜。例如：

```
p{font-style: italic; }
```

其可用的属性值如下：

（1）normal：默认值，显示标准字体样式。

（2）italic：显示斜体的字体样式。

（3）oblique：显示倾斜体的字体样式。

4.5.5　设置服务器字体

@font-face：用于设置服务器字体。通过 @font-face 可以使用用户计算机未安装的字体。其基本语法格式如下：

```
@font-face{
    font-family: 字体名称 ;   /* 服务器字体名称 */
    src: 字体路径 ;           /* 调用服务器字体的路径 */
}
```

4.5.6 设置文本颜色

color：文本颜色。例如：

```
p{color: red; }
```

其可用的属性值如下：

（1）预定义颜色名：red、blue、yellow 等（详见表 4-2）。

（2）十六进制：#000、#093、#66cc00。

（3）RGB 代码：如红色可以表示为 rgb（255，0，0）或 rgb（100%，0%，0%）。

（4）RGBA：RGBA 是 CSS3 新增的颜色模式，它是 RGB 颜色模式的延伸，该模式是在红绿蓝三原色的基础上添加了不透明度参数 alpha。alpha 参数是一个介于 0.0（完全透明）和 1.0（完全不透明）之间的数字。

表 4-2　CSS 规范推荐的颜色名称

名　称	颜　色	名　称	颜　色
white	白色	black	黑色
blue	蓝色	gray	灰色
red	红色	green	绿色
yellow	黄色	purple	紫色

4.5.7 设置文本的修饰

text-decoration：文本修饰。例如：

```
.one{text-decoration:underline;}
```

其可用的属性值如下：

（1）none：没有修饰（默认值）。

（2）underline：下画线。

（3）overline：上画线。

（4）line-through：删除线。

text-decoration 也可对应多个属性值，中间用空格分隔，用于给文本添加多种效果。例如：

```
.one{text-decoration:underline line-through;}
```

4.5.8　设置文本的水平对齐方式

text-align：文本的水平对齐方式。例如：

```
p{text-align:center;}
```

其可用的属性值如下：

（1）left：左对齐（默认值）。

（2）right：右对齐。

（3）center：居中对齐。

（4）justify：两端对齐。

4.5.9　设置文本缩进

text-indent：文本缩进。例如：

```
p{text-indeng:2 em;}
```

em 可以理解为字符数量，上面代码表示首行缩进两个字符。

4.5.10　设置行高

line-height：设置行高。例如：

```
p{line-height:200%;}
```

其可用的属性值如下：

（1）normal：默认行高。

（2）%：基于当前字体尺寸的百分比行间距。

（3）px：像素，设置固定行高。

4.5.11 设置字符间距

letter-spacing：设置字符间距。例如：

```
p{letter-spacing:30 px;}
```

其可用的属性值如下：

（1）normal：默认值，标准字符间距。

（2）length：属性值可以是不同单位的数值，允许使用负值。

4.5.12 设置文字的截断

text-overflow：设置文字的截断。例如：

```
p{text-overflow:clip;}
```

其可用的属性值如下：

（1）clip：当文本溢出时截断显示，不显示省略标记（…）。

（2）ellipsis：当文本溢出时显示省略标记（…）。

text-overflow 属性，还必须配合 white-space：nowrap（强制文本在一行内显示）和 overflow：hidden（溢出内容为隐藏）同时使用才能生效。例如：

```
p{
    white-space:nowrap;        /*强制文本在一行内显示*/
    overflow:hidden;           /*溢出内容为隐藏*/
    text-overflow:ellipsis;    /*显示省略标记*/
}
```

案例 4-3　CSS 修饰文本。

案例源代码如下：

```
1  <!doctype html>
2  <html>
3  <head>
4  <meta charset="utf-8">
5  <title>案例 4-3</title>
6  <style type="text/css">
7    h1{
8      font-family:黑体;
9      text-align:center;
10   }
11   p{
12     font-size:18 px;
13     font-family:"微软雅黑";
14     text-indent:2 em;
15   }
16   .one{
17     font-size:20 px;
18     font-weight:bolder;
19     font-style:italic;
20     text-decoration:underline;
21   }
22   #two{
23     color:red;
24     line-height:300%;
25     letter-spacing:10 px;
26   }
27 </style>
28 </head>
29 <body>
30   <h1>北京某某大学简介</h1>
31   <p class="one">北京某某大学1959年2月建校，原名北京纺织工学院，1961年7月更名
     为北京化学纤维工学院，是由原纺织工业部建设的、以化学纤维高等教育为主的重点院校。
     1987年2月，改扩建为北京某某大学，是我国第一所公办服装高校。</p>
32   <p id="two">学校独特的办学优势和鲜明的办学特色，有力彰显了中华民族传统文化，促
     进了中华民族的文化复兴、文化传承、文化传播，引领了人民的生活时尚、文明传承和文
     化创新，对我国服装、设计、时尚和文化创意人才培养和产业发展做出了独特的突出贡
     献。</p>
33 </body>
34 </html>
```

程序运行结果如图 4-3 所示。

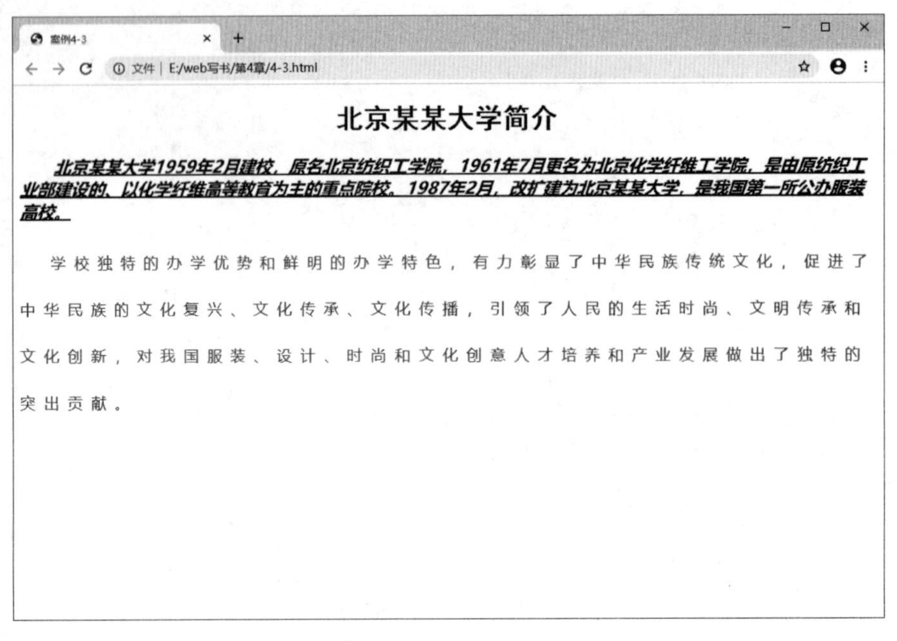

图 4-3　CSS 修饰文本

4.6　CSS 修饰图像

图像是网页中不可缺少的内容，它使网页更加丰富多彩。本节将详细介绍 CSS 设置图像样式的方法。

4.6.1　设置图像边框

1. border-style：设置图像边框样式

其可用的属性值如下：

（1）none：无边框。

（2）solid：实线边框。

（3）dashed：虚线边框。

（4）dotted：点画线边框。

（5）double：双线边框。

2. border-color：设置图像边框颜色

其可用的属性值如下：

（1）预定义颜色名：red、blue、yellow 等。

（2）十六进制：#000、#093、#66cc00。

（3）RGB 代码：如红色可以表示为 rgb（255，0，0）或 rgb（100%，0%，0%）。

3. border-width：设置图像边框宽度

border-width 的属性值通常为像素值。

案例 4-4　CSS 修饰图像边框。

案例源代码如下：

```
1  <!doctype html>
2  <html>
3  <head>
4  <meta charset="utf-8">
5  <title>案例 4-4</title>
6  <style type="text/css">
7    img{
8      border-color:red;      /*边框颜色为红色*/
9      border-width:4 px;     /*边框粗细为 2 px*/
10   }
11   .one{
12     border-style:dotted;  /*点画线边框*/
13   }
14   .two{
15     border-style:dashed;  /*虚线边框*/
16   }
17   .three{
18     border-style:solid;   /*实线边框*/
19   }
20   .four{
21     border-style:double;  /*双线边框*/
22   }
23   .five{
24     border-style:solid dotted dashed double;  /*按上、右、下、左的顺序依次
   为实线、点画线、虚线和双线边框*/
25     border-color:red green blue purple;  /*按上、右、下、左的顺序边框颜色依
   次为红色、绿色、蓝色和紫色*/
26     border-width:1 px 2 px 3 px 4 px;  /*按上、右、下、左的顺序边框粗细依次为
   1 px、2 px、3 px 和 4 px*/
27   }
28 </style>
29 </head>
30 <body>
```

```
31 <img src="images/img1.jpg" class="one">
32 <img src="images/img1.jpg" class="two">
33 <img src="images/img1.jpg" class="three">
34 <img src="images/img1.jpg" class="four">
35 <img src="images/img1.jpg" class="five">
36 </body>
37 </html>
```

程序运行结果如图 4-4 所示。

图 4-4　CSS 修饰图像边框

4.6.2　设置图像的缩放

使用 CSS 样式设置图像的缩放，可以通过 width 和 height 两个属性来实现，当 width 和 height 两个属性的取值使用百分比数值时，它是相对于父元素缩放的大小。

案例 4-5　CSS 设置图像的缩放。

案例源代码如下：

```
1  <!doctype html>
2  <html>
3  <head>
4  <meta charset="utf-8">
5  <title>案例 4-5</title>
6  <style type="text/css">
7    img.test1{
8      width:30%;     /* 相对宽度为 30%*/
9      height:40%;    /* 相对高度为 40%*/
10   }
```

```
11    img.test2{
12      width:150 px;    /* 绝对宽度为 150 px*/
13      height:150 px;  /* 绝对高度为 150 px*/
14    }
15 </style>
16 </head>
17 <body>
18    <img src="images/img2.jpg">  <!-- 图片的原始大小 -->
19    <img  src="images/img2.jpg"  class="test1">  <!-- 相对于父元素缩放的大小，
   当浏览器窗口改变时，这幅图像的大小也发生相应变化。-->
20    <img src="images/img2.jpg"  class="test2">  <!-- 绝对像素缩放的大小 -->
21 </body>
22 </html>
```

程序运行结果如图 4-5 所示。

图 4-5　案例 4-5

4.6.3　设置背景图像

background-image：设置背景图像。例如：

```
background-image:url(images/img2.jpg);
```

其可用的属性值如下：

（1）none：表示不加载图像。

（2）url：表示要插入背景图像的路径。

4.6.4 设置背景图像的重复

background-repeat：设置背景图像的重复。例如：

```
background-repeat:repeat-x;
```

其可用的属性值如下：

（1）repeat：默认值，表示背景图像在水平和垂直方向上平铺。

（2）repeat-x：表示背景图像在水平方向平铺。

（3）repeat-y：表示背景图像在垂直方向平铺。

（4）no-repeat：表示背景图像不平铺。

案例 4-6　用 CSS 设置图像背景。

案例源代码如下：

```
1  <!doctype html>
2  <html>
3  <head>
4  <meta charset="utf-8">
5  <title>案例 4-6</title>
6  <style type="text/css">
7    body{
8      background-image:url(images/img3.jpg);  /*设置网页的背景图像*/
9      background-repeat:repeat;         /*设置背景图像在水平和垂直方向上平铺*/
10     /*background-repeat:repeat-x;     /*设置背景图像在水平方向平铺*/
11     /*background-repeat:repeat-y;     /*设置背景图像在垂直方向平铺*/
12     /*background-repeat:no-repeat;    /*设置背景图像不平铺*/
13   }
14 </style>
15 </head>
16 <body>
17 </body>
18 </html>
```

程序运行结果如图 4-6 所示。

4.6.5 设置背景图像的位置

background-position：设置背景图像的位置。例如：

```
background-position:center bottom;
```

图 4-6　用 CSS 设置图像背景

其可用的属性值如下：

（1）关键字：水平方向值 left、center、right；垂直方向值 top、center、bottom。

（2）像素值：像素值定位的是图像左上角在标签中的坐标。

（3）百分比：背景图像和标签的指定点对齐。

案例 4-7　用 CSS 设置背景图像的位置。

案例源代码如下：

```
1  <!doctype html>
2  <html>
3  <head>
4  <meta charset="utf-8">
5  <title>案例 4-7</title>
6  <style type="text/css">
7    body{
8      background-color:#30f;
9    }
10   .box{
11     width:500 px;
12     height:500 px;
13     border:5 px solid#f33;
14     background-image:url(images/img4.png);
15     background-repeat:no-repeat;
16     /*background-position:right top;  /*用关键字控制背景图像的位置*/
17     /*background-position:150 px 280 px;  /*用像素值控制背景图像的位置*/
18     background-position:50%50%;        /*用百分比控制背景图像的位置*/
19   }
20 </style>
```

```
21 </head>
22 <body>
23   <div class="box"></div>
24 </body>
25 </html>
```

程序运行结果如图 4-7 所示。

图 4-7　案例 4-7

4.6.6　设置背景图像固定

background-attachment：设置背景图像固定。例如：

```
background-attachment:fixed;
```

其可用的属性值如下：

（1）scroll：默认值，图像跟随页面一起滚动。

（2）fixed：图像固定在屏幕上，不随页面滚动。

案例 4-8　用 CSS 设置背景图像的位置固定。

案例源代码如下：

```
1  <!doctype html>
2  <html>
3  <head>
4  <meta charset="utf-8">
5  <title>案例 4-8</title>
6  <style type="text/css">
```

```
7      body{
8        background-image:url(images/img2.jpg);
9        background-repeat:no-repeat;
10       background-position:50%50%;
11       background-attachment:fixed;  /* 设置背景图像的位置固定 */
12     }
13     p,h1{
14       color:#30f;
15     }
16  </style>
17  </head>
18  <body>
19    <h1> 北京某某大学简介 </h1>
20    <p> 北京某某大学 1959 年 2 月建校，原名北京纺织工学院，1961 年 7 月更名为北京化学纤维
      工学院，是由原纺织工业部建设的、以化学纤维高等教育为主的重点院校。1987 年 2 月，改扩
      建为北京某某大学，是我国第一所公办服装高校。</p>
21    <p> 学校独特的办学优势和鲜明的办学特色，有力彰显了中华民族传统文化，促进了中华民族
      的文化复兴、文化传承、文化传播，引领了人民的生活时尚、文明传承和文化创新，对我国服
      装、设计、时尚和文化创意人才培养和产业发展做出了独特的突出贡献。</p>
22  </body>
23  </html>
```

程序运行结果如图 4-8 所示。

图 4-8　用 CSS 设置背景图像的位置固定

4.6.7　设置背景图像的大小

background-size：设置背景图像的大小。例如：

```
background-size:cover;
```

其可用的属性值如下：

（1）像素值：设置背景图像的宽度和高度，第一个值设置宽度，第二个值设置高度。

（2）百分比：以父标签的百分比来设置背景图像的宽度和高度，第一个值设置宽度，第二个值设置高度。

（3）cover：使背景图像完全覆盖背景区域。背景图像的某些部分也许无法显示在背景区域中。

（4）contain：使背景图像的宽度、高度完全适应背景区域。

案例 4-9　用 CSS 设置背景图像的大小。

案例源代码如下：

```
1  <!doctype html>
2  <html>
3  <head>
4  <meta charset="utf-8">
5  <title>案例 4-9</title>
6  <style type="text/css">
7    body{
8      background-image:url(images/img3.jpg);
9      background-repeat:no-repeat;
10     background-size:cover;  /* 背景图像完全覆盖背景区域 */
11   }
12   p,h1{
13     color:yellow;
14   }
15 </style>
16 </head>
17 <body>
18   <h1>北京某某大学简介</h1>
19   <p>北京某某大学 1959 年 2 月建校，原名北京纺织工学院，1961 年 7 月更名为北京化学纤维
     工学院，是由原纺织工业部建设的、以化学纤维高等教育为主的重点院校。1987 年 2 月，改扩
     建为北京某某大学，是我国第一所公办服装高校。</p>
20   <p>学校独特的办学优势和鲜明的办学特色，有力彰显了中华民族传统文化，促进了中华民族
     的文化复兴、文化传承、文化传播，引领了人民的生活时尚、文明传承和文化创新，对我国服
     装、设计、时尚和文化创意人才培养和产业发展做出了独特的突出贡献。</p>
21 </body>
22 </html>
```

程序运行结果如图 4-9 所示。

图 4-9　用 CSS 设置背景图像的大小

4.7　CSS 修饰表格

CSS 中定义的表格的专用属性，可以帮助设计者极大地改善表格的外观。

4.7.1　用 CSS 设置表格边框合并

border-collapse：设置表格边框合并。例如：

```
border-collapse:separate;
```

其可用的属性值如下：

（1）separate：默认值，边框会被分开，不会忽略 border-spacing 和 empty-cells 属性。

（2）collapse：边框合并，会忽略 border-spacing 和 empty-cells 属性。

案例 4-10　用 CSS 设置表格边框合并。

案例源代码如下：

```
1  <!doctype html>
2  <html>
3  <head>
4  <meta charset="utf-8">
5  <title>案例 4-10</title>
6  <style type="text/css">
```

```
7     .one{
8       border-collapse:separate;  /* 表格边框分开 */
9     }
10    .two{
11      border-collapse:collapse;  /* 表格边框合并 */
12    }
13 </style>
14 </head>
15 <body>
16   <table class="one" border="2">
17     <tr>
18       <td> 水浒传 </td>
19       <td> 三国演义 </td>
20     </tr>
21     <tr>
22       <td> 西游记 </td>
23       <td> 红楼梦 </td>
24     </tr>
25   </table>
26   <br/>
27   <table class="two" border="2">
28     <tr>
29       <td> 水浒传 </td>
30       <td> 三国演义 </td>
31     </tr>
32     <tr>
33       <td> 西游记 </td>
34       <td> 红楼梦 </td>
35     </tr>
36 </table>
37 </body>
38 </html>
```

程序运行结果如图 4-10 所示。

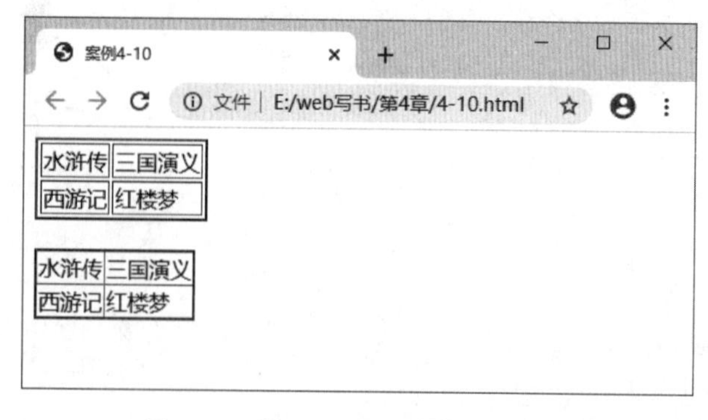

图 4-10　用 CSS 设置表格边框合并

4.7.2　用 CSS 设置单元格边框距离

border-spacing：设置相邻单元格边框间的距离（仅用于“边框分离”模式）。例如：

```
border-spacing: 10 px 50 px;
```

其属性值为相邻单元格边框之间的距离，除非 border-collapse 被设置为 separate，否则将忽略这个属性。使用 px、cm 等单位，不允许使用负值。

（1）如果定义一个 length 参数，则定义的是水平和垂直间距。

（2）如果定义两个 length 参数，则第一个设置水平间距，第二个设置垂直间距。

案例 4-11　用 CSS 设置单元格边框距离。

案例源代码如下：

```
1  <!doctype html>
2  <html>
3  <head>
4  <meta charset="utf-8">
5  <title>案例 4-11</title>
6  <style type="text/css">
7    .one{
8      border-collapse:separate;  /* 表格边框分离 */
9      border-spacing:10 px;      /* 单元格水平、垂直距离均为 10 px*/
10   }
11   .two{
12     border-collapse:separate;  /* 表格边框分离 */
13     border-spacing:10 px 50 px; /* 单元格水平距离为 10 px、垂直距离为 50 px*/
14   }
15 </style>
16 </head>
17 <body>
18   <table class="one" border="1">
19     <tr>
20       <td>水浒传</td>
21       <td>三国演义</td>
22     </tr>
23     <tr>
24       <td>西游记</td>
25       <td>红楼梦</td>
26     </tr>
27   </table>
28   <br/>
```

```
29    <table class="two" border="1">
30      <tr>
31        <td>水浒传</td>
32        <td>三国演义</td>
33      </tr>
34      <tr>
35        <td>西游记</td>
36        <td>红楼梦</td>
37      </tr>
38    </table>
39 </body>
40 </html>
```

程序运行结果如图 4-11 所示。

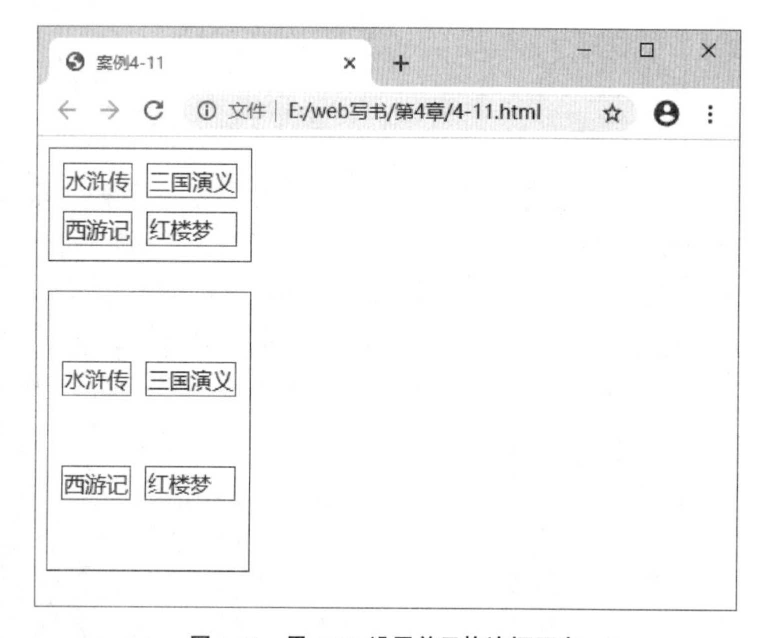

图 4-11　用 CSS 设置单元格边框距离

4.7.3　隐藏表格中空单元格上的边框

empty-cells：隐藏表格中空单元格上的边框（仅用于“边框分离”模式）。例如：

```
empty-cells:hide;
```

其可用的属性值如下：

（1）show：默认值，在空单元格周围显示边框。

（2）hide：单元格无内容时隐藏单元格边框。

案例 4-12　隐藏表格中空单元格上的边框。

案例源代码如下：

```
1  <!doctype html>
2  <html>
3  <head>
4  <meta charset="utf-8">
5  <title>案例 4-12</title>
6  <style type="text/css">
7    table{
8      border-collapse:separate;  /*表格边框分离*/
9      empty-cells:hide;  /*单元格无内容时隐藏单元格边框*/
10   }
11 </style>
12 </head>
13 <body>
14   <table border="2">
15     <tr>
16       <td>水浒传</td><td>三国演义</td></tr>
17     <tr>
18       <td>西游记</td><td></td>
19     </tr>
20   </table>
21 </body>
22 </html>
```

程序运行结果如图 4-12 所示。

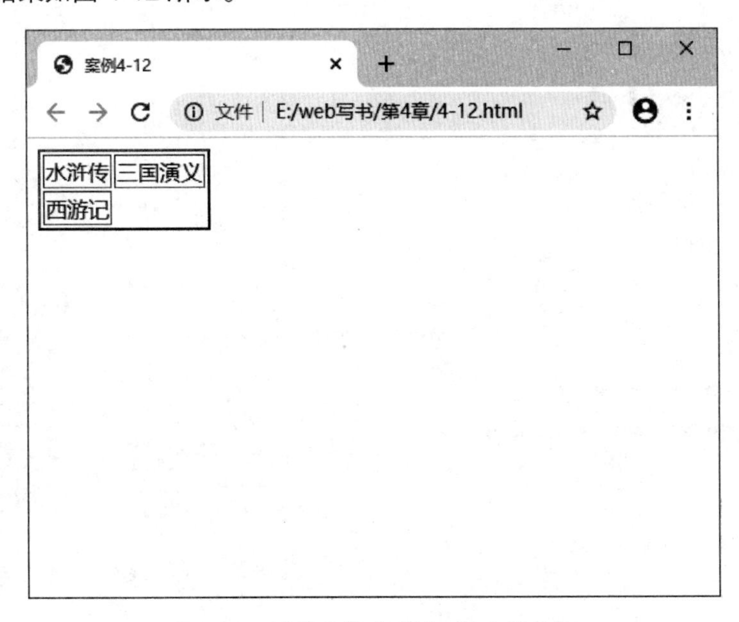

图 4-12　隐藏表格中空单元格上的边框

4.8 CSS 修饰表单

使用 CSS 修饰表单可以使表单元素的样式更加美观，本节将通过一个具体案例讲解 CSS 对表单样式的控制。其显示效果如图 4-13 所示。

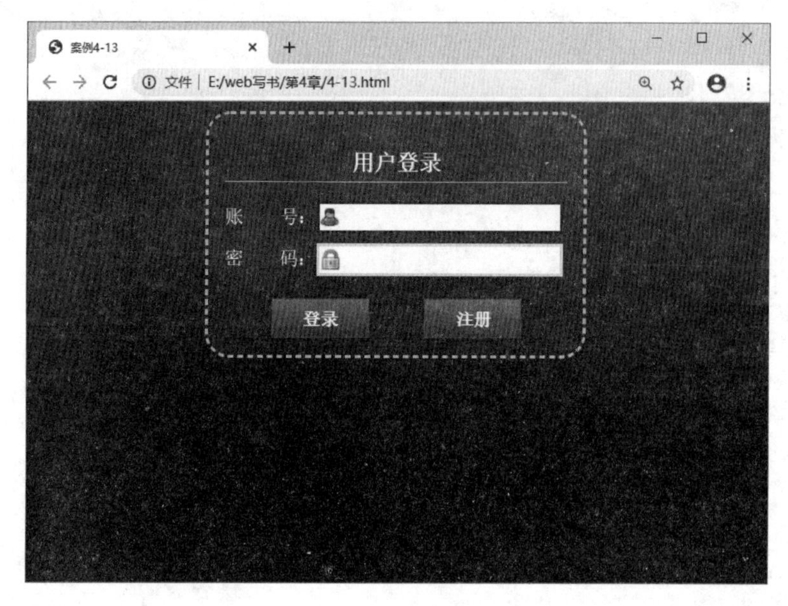

图 4-13　表单样式

案例 4-13　用 CSS 修饰表单。

案例源代码如下：

```
1   <!doctype html>
2   <html>
3   <head>
4   <meta charset="utf-8">
5   <title>案例 4-13</title>
6   <link href="style1.css" type="text/css" rel="stylesheet"/>
7   </head>
8   <body>
9     <div class="login">
10    <h2>用户登录</h2>
11    <form action=""method="post">
12      账    号:<input type="text" name="username" id="username"
        class="username"/>
13      密    码:<input type="password" name="password" id="password"
        class="password"/>
```

```
14          <input type="submit" name="button1" id="button1" value="登录
            "class="btns"/>
15          <input type="button" name="button2" id="button2" value="注册
            "class="btns"/>
16        </form>
17     </div>
18  </body>
19  </html>
```

程序运行结果如图 4-14 所示。

图 4-14　表单页面的结构

图 4-14 中出现了具有相应功能的表单结构，为了使表单界面更加美观，引入外链样式文件 style1.css 对其进行修饰。style1.css 样式文件的具体代码如下：

```
1   @charset"utf-8";
2   body{
3     font-family:"微软雅黑";
4     background-image:url(images/bg1.gif);  /*设置背景图像*/
5     color:white;
6     background-repeat:repeat-x;     /*设置背景图像水平重复*/
7     background-attachment:fixed;    /*图像固定在屏幕上，不随页面滚动*/
8     background-size:100%100%;       /*设置背景图像大小*/
9   }
10  .login{
11    margin:0 auto;  /*使表单居中*/
```

```
12   width:280 px;
13   padding:14 px;
14   border:dashed 2 px#b7ddf2;  /* 为表单添加边框 */
15   border-radius:20 px;  /* 为表单添加圆角边框 */
16   background:rgba(255,255,255,0.1);  /* 为表单添加背景颜色 */
17 }
18 .login*{
19   font-family:"宋体";
20   font-size:15 px;
21 }
22 .login h2{  /* 设置标题样式 */
23   text-align:center;
24   font-size:18 px;
25   font-weight:bold;
26   padding-bottom:5 px;
27   border-bottom:solid 1 px#b7ddf2;  /* 下边框为 1 px 实线淡蓝色边框 */
28 }
29 .username,.password{
30   width:180 px;
31   height:18 px;
32   padding:2 px 0 px 2 px 18 px;  /* 文本框左侧内边距 18 px，为背景图像预留显示
   位置 */
33   margin-bottom:8 px;
34   color:#03C;  /* 文本框和密码框内输入文字颜色为蓝色 */
35 }
36 .username{
37   background:#FFF url(images/username_bg.jpg)no-repeat left center;
     /* 用户名文本框背景图像 */
38   border:2 px solid blue;
39 }
40 .password{
41   background:#FFF url(images/password_bg.jpg)no-repeat left center;
     /* 密码框背景图像 */
42   border:2 px solid yellow;
43 }
44 .btns{
45   margin-left:38 px;
46   margin-top:10 px;
47   background:url(images/btn_bg02.jpg)repeat-x;  /* 设置背景图像水平重复 */
48   width:80 px;
49   height:32 px;
50   border:1 px solid#f00;  /*1 px 红色实线边框 */
51   font-weight:bold;  /* 字体加粗 */
52   padding-top:2 px;
```

```
53    cursor:pointer;   /* 鼠标样式为手型 */
54    font-size:14 px;
55    color:#FFF;  /* 按钮上的文字颜色为白色 */
56 }
```

保存文件，刷新页面，效果如图 4-13 所示。本案例中使用 CSS 对表单控件进行修饰，使表单控件的样式更加美观。

4.9　CSS 高级属性

4.9.1　CSS 层叠性

层叠性是指相同选择器给同一个元素设置相同的样式，此时一个样式就会覆盖（层叠）另一个冲突的样式。层叠性主要解决样式冲突的问题。

层叠性原则：

（1）样式冲突：遵循的原则是就近原则，哪个样式离结构近，就执行哪个样式。

（2）样式不冲突，不会重叠。

下面通过一个案例来理解 CSS 的层叠性。

案例 4-14　CSS 的层叠性。

案例源代码如下：

```
1  <!doctype html>
2  <html>
3  <head>
4  <meta charset="utf-8">
5  <title>案例 4-14</title>
6  <style type="text/css">
7    .one{
8      color:blue;
9    }
10   .two{
11     color:red;
12   }
13 </style>
14 </head>
15 <body>
16   <p class="one two">朝辞白帝彩云间，</p>
```

```
17    <p>千里江陵一日还。</p>
18    <p>两岸猿声啼不住，</p>
19    <p>轻舟已过万重山。</p>
20 </body>
21 </html>
```

程序运行结果如图 4-14 所示。

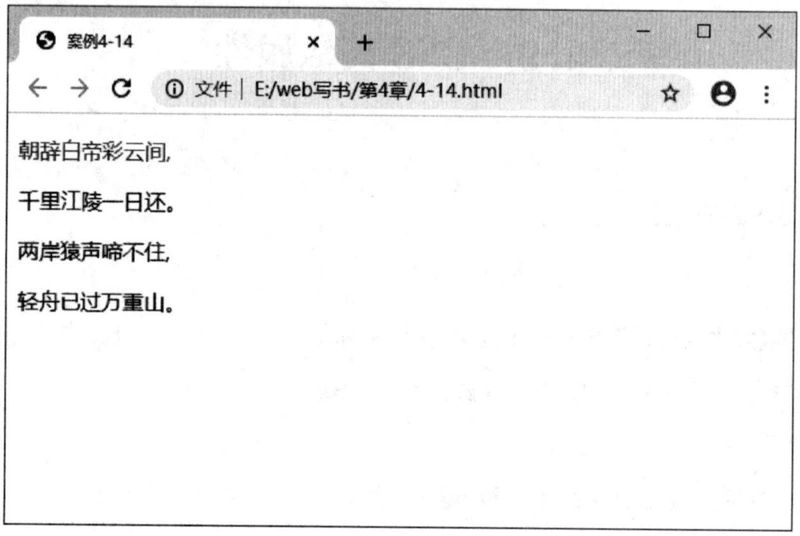

图 4-15　CSS 的层叠性

以上代码中，在同级别时（同个元素，同是 class 定义选择器），样式代码出现冲突，两个选择器中出现同一条 color 属性，则以 CSS 代码中最后出现的那条样式为准，“朝辞白帝彩云间，”这句诗最终呈现红色。

4.9.2　CSS 继承性

继承性是指子标签会继承父标签的某些样式，如文本颜色和字号，简单理解就是子承父业。恰当地使用继承可以简化代码，降低 CSS 样式的复杂性。例如：

```
p,h1,ul,li{color:blue;}
```

可以写成：

```
body{color:blue;}
```

因为 p、h1、ul、li 标签都嵌套在 body 标签中，是 body 的子标签，所以只需要在 body 中设置 color 属性的颜色即可。但是，并不是所有的 CSS 属性都可以继承，边框属性、外边距属性、内边距属性、背景属性、定位属性、布局属性、元素宽高属性等就不具有继承性。

4.9.3　CSS 优先级

优先级是指当一个元素指定多个选择器时，就会有优先级的产生。选择器相同，则执行层叠性。选择器不同，则根据选择器权重执行。

各选择器权重：

（1）通配符选择器权重为 0。

（2）继承样式的权重为 0。

（3）标签选择器权重为 1。

（4）类选择器权重为 10。

（5）ID 选择器权重为 100。

（6）行内样式的权重为 1000。

（7）!important 命令的权重为无穷大。

案例 4-15　CSS 的优先级。

案例源代码如下：

```
1  <!doctype html>
2  <html>
3  <head>
4  <meta charset="utf-8">
5  <title>案例 4-15</title>
6  <style type="text/css">
7     #one{
8       color:blue;
9     }
10    .two{
11      color:red;
12    }
13    p{
14      color:green;
15    }
16 </style>
17 </head>
18 <body>
```

```
19    <p id="one" class="two">朝辞白帝彩云间，</p><!--ID选择器的优先级高于类选择
   器，所以诗句呈现蓝色 -->
20    <p>千里江陵一日还。</p>
21    <p class="two">两岸猿声啼不住，</p><!-- 类选择器的优先级高于标签选择器，所以诗
   句呈现红色 -->
22    <p>轻舟已过万重山。</p>
23 </body>
24 </html>
```

程序运行结果如图 4-15 所示。

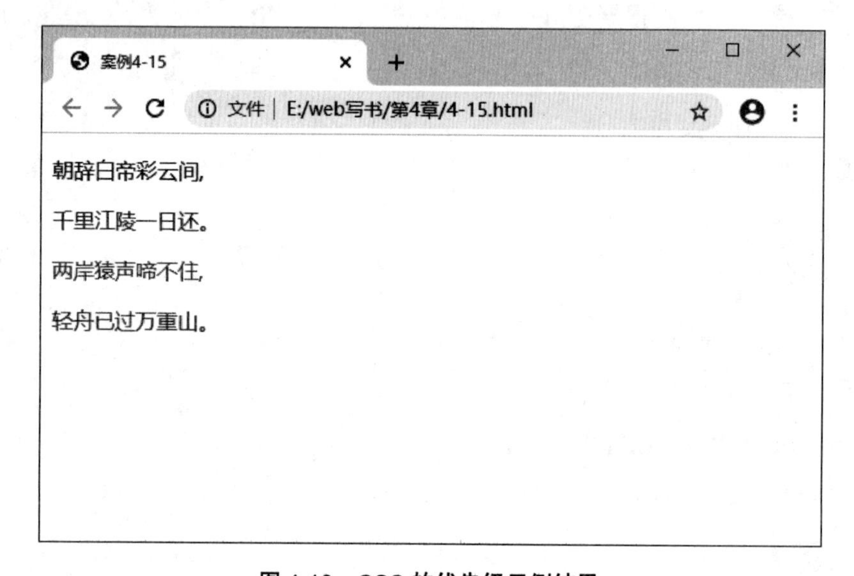

图 4-16　CSS 的优先级示例结果

CSS 定义了一个 !important 命令，该命令拥有最大的权重。

案例 4-16　CSS 中的 !important 命令。

案例源代码如下：

```
1  <!doctype html>
2  <html>
3  <head>
4  <meta charset="utf-8">
5  <title>案例 4-16</title>
6  <style type="text/css">
7     .one{
8       color:blue!important;   /*!important 权重最大 */
9     }
10 </style>
11 </head>
12 <body>
```

```
13   <div class="one" style="color:red;">
14      <p> 朝辞白帝彩云间，</p>
15      <p> 千里江陵一日还。</p>
16      <p> 两岸猿声啼不住，</p>
17      <p> 轻舟已过万重山。</p>
18   </div>
19 </body>
20 </html>
```

程序运行结果如图 4-16 所示。

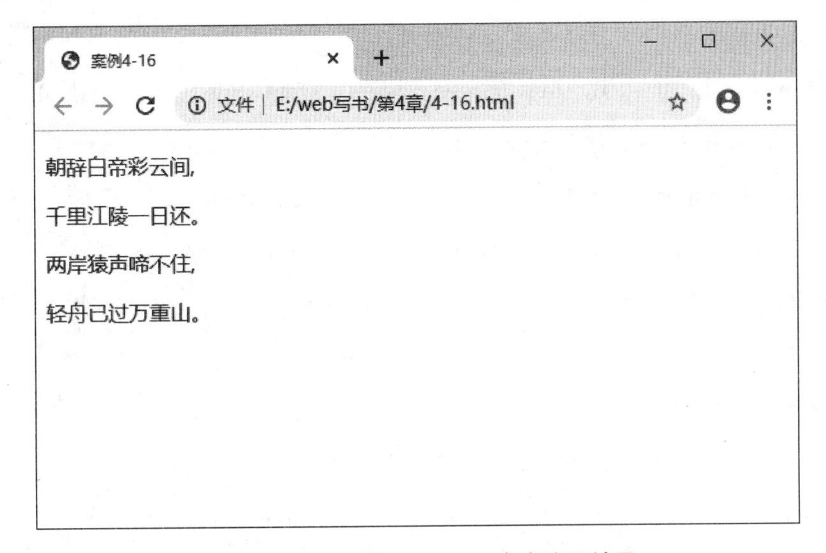

图 4-17　CSS 中 !important 命令应用结果

虽然行内样式的权重高于类选择器的权重，但是在类选择器中 !important 的限定定义的权重是最大的，所以这首诗最后呈现类选择器定义的蓝色，而不是行内样式定义的红色。

小　结

通过本章的学习，可以了解和熟悉用 CSS 修饰 HTML 标签的技巧和方法，进而可以使用这些技巧方法设计出丰富多彩、功能强大的网页。

习　题

一、判断题

1. .one 选择器具有最大的权重。　　（　　）
2. 通配符选择器用“*”号表示。　　（　　）

3. 如果某些选择器定义的样式完全相同或部分相同，就可以利用并集选择器为它们定义相同的 CSS 样式。（ ）

4. 设置超链接被访问之后的样式使用 a: link 伪类。（ ）

5. 继承性是指子标签会继承父标签的某些样式。（ ）

二、选择题

1. 通过 link 标签可以引入（ ）CSS 样式表。

A. 行内式　B. 嵌入式　C. 链入式　D. 旁引式

2. 下列选项中属于 CSS 字体类别属性的是（ ）。

A. font-size　B. font-family　C. font-style　D. font-weight

3. 下列选项中属于 CSS 文本装饰属性的是（ ）。

A. text-decoration　B. text-align

C. text-overflow　D. text-indent

4. 如果要设置段落首行缩进两个字符，将用到下列（ ）CSS 属性。

A. text-decoration　B. text-align

C. text-overflow　D. text-indent

5. 设置鼠标悬停时的超链接样式，将使用下列（ ）超链接伪类。

A. a: link　B. a: visited

C. a: hover　D. a: active

6. 下列选项中（ ）是设置背景图像的平铺方式属性。

A. background-image　B. background-repeat

C. background-position　D. background-attachment

7. 用 text-decoration 属性为文本设置删除线的装饰效果，将使用下列（ ）属性值。

A. none　B. underline

C. overline　D. line-through

8. 设置相邻单元格边框间的距离，应使用下列（ ）属性。

A. border-collapse　B. border-spacing

C. caption-side　D. empty-cells

9. 下列选项中（ ）是设置鼠标样式的属性。

A. cursor　B. border　C. color　D. line-height

10. 根据 CSS 优先级规则，下列（ ）选项具有最大的权重。

A. 标签选择器　B. 类选择器　C. !important　D. 行内样式

三、编程题

1. 使用 CSS 对页面中的网页元素加以修饰，制作介绍北京某某大学的页面，如图 4-18 所示。

图 4-18　介绍北京某某大学的页面

2. 使用 CSS 对页面中的网页元素加以修饰，制作如图 4-19 所示的表单页面。

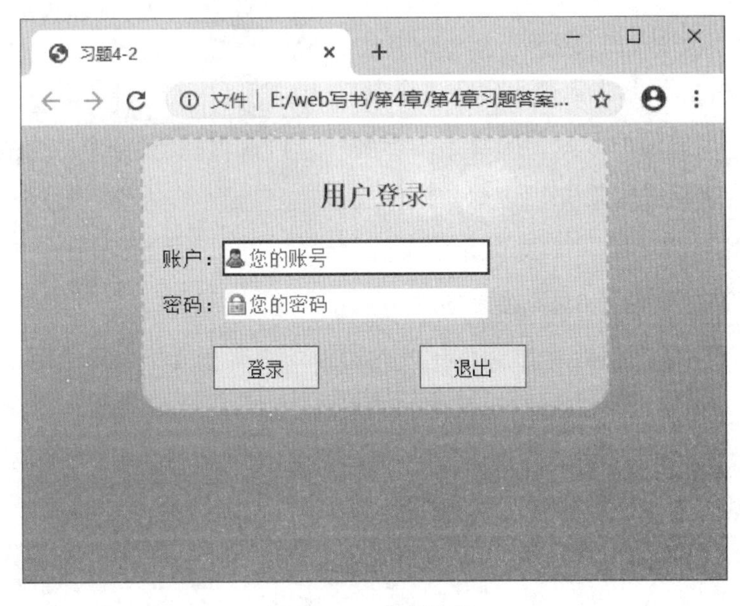

图 4-19　表单页面

第5章 盒子模型和布局

HTML文档中的每一个元素在页面布局中均被抽象为一个矩形的盒子，页面的排版布局可以看成是对网页中各个盒子元素按照一定的规则摆放的结果。盒子的大小及摆放规则通过CSS样式进行定义。本章围绕盒子模型的概念、盒子的外观设置、盒子的定位介绍最基本的网页布局方法。

 5.1 盒子模型概述

所谓盒子模型就是把HTML页面中的元素看作是一个矩形的盒子，也就是一个盛装内容的容器。每个矩形都由元素的内容、内边距（padding）、边框（border）和外边距（margin）组成，如图5-1所示。

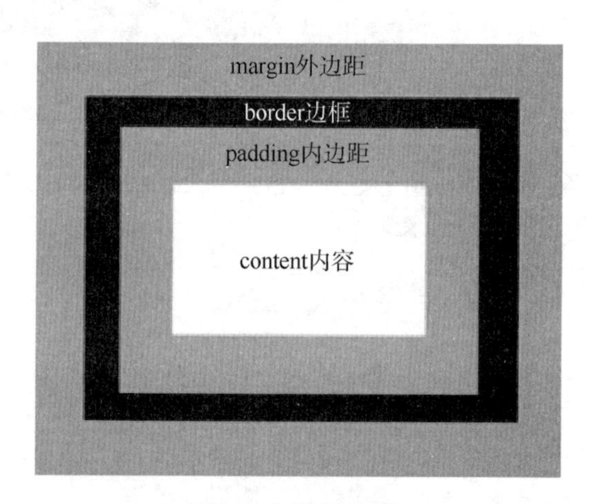

图5-1　盒子模型

在盒子结构中，元素内容被包含在边框中，边框也是具有一定宽度的区域，内容与边框之间的区域称为内边距或内填充，边框向外伸展的区域称为外边距。因此，一个盒子模型实际占有的空间，可以通过总宽度和总高度来描述。

盒子的总宽度：左外边距 + 左边框 + 左内边距 + 内容宽度 + 右内边距 + 右边框 + 右外边距

盒子的总高度：上外边距 + 上边框 + 上内边距 + 内容高度 + 下内边距 + 下边框 + 下外边距

下面通过一个具体的案例认识到底什么是盒子模型。新建HTML页面，并在页面中添加一个段落，然后通过盒子相关属性对段落进行控制。

案例 5-1　认识盒子模型。

案例源代码如下：

```
1  <!doctype html>
2  <html>
3  <head>
4  <meta charset="utf-8">
5  <title>认识盒子模型 </title>
6  <style type="text/css">
7  .box{
8    width:200 px;                /* 盒子模型的宽度 */
9    height:50 px;                /* 盒子模型的高度 */
10   border:15 px solid red;      /* 盒子模型的边框 */
11   background:#CCC;             /* 盒子模型的背景颜色 */
12   padding:30 px;               /* 盒子模型的内边距 */
13   margin:20 px;                /* 盒子模型的外边距 */
14 }
15 </style>
16 </head>
17 <body>
18 <p class="box">盒子中包含的内容 </p>
19 </body>
20 </html>
```

在本例中，通过盒子模型的属性对段落文本进行控制。程序运行结果如图 5-2 所示。

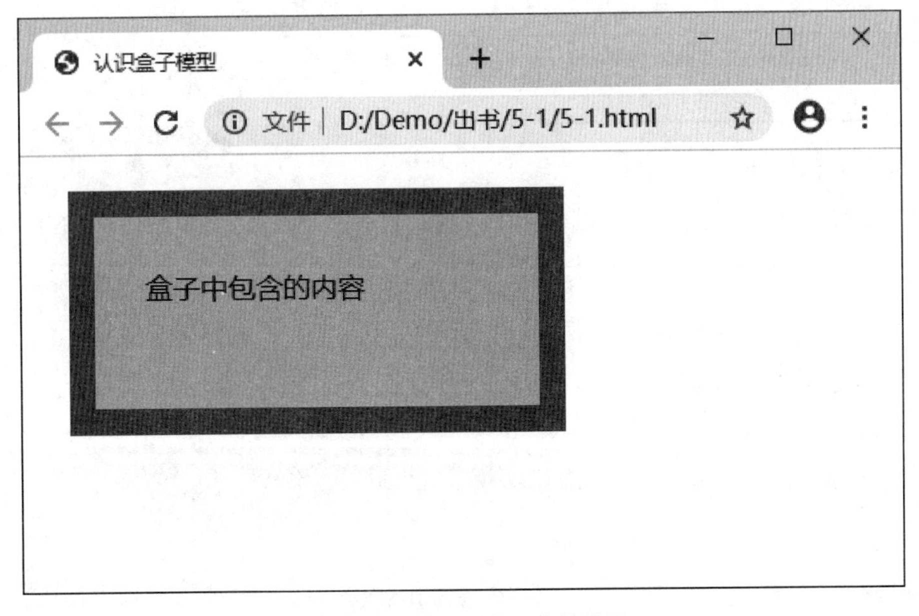

图 5-2　盒子在浏览器中的效果

5.2 盒子模型的属性

在了解了有关盒子模型的概念后，还需要学习如何通过属性对盒子模型的外观进行控制，本节就介绍盒子模型的相关属性。

5.2.1 边框

盒子模型的边框属性包括边框的样式、宽度、颜色等。除了分别设置属性的方法外，还可以通过综合属性来迅速设置边框的外观。常见的边框属性如表 5-1 所示。

表 5-1 常见的边框属性

设置内容	样式属性	常用属性值
边框样式	border-style：上边［右边下边左边］；	none（无，默认）、solid（单实线）、dashed（虚线）、dotted（点线）、double（双实线）
边框宽度	border-width：上边［右边下边左边］；	像素值
边框颜色	border-color：上边［右边下边左边］；	颜色值、#十六进制、rgb（r，g，b）、rgb（r%，g%，b%）
综合设置边框	border：四边宽度四边样式四边颜色；	
圆角边框	border-radius：水平半径参数/垂直半径参数；	像素值或百分比
图片边框	border-images：图片路径裁切方式/边框宽度/边框扩展距离重复方式；	

1. 边框样式（border-style）

在 CSS 属性中，border-style 属性用于设置边框样式。其基本语法格式如下：

```
border-style：上边［右边下边左边］；
```

border-style 属性的常用属性值有 4 个，分别用于定义不同的显示样式。

（1）solid：边框为单实线。

（2）dashed：边框为虚线。

（3）dotted：边框为点线。

（4）double：边框为双实线。

下面通过一个案例对边框样式属性进行演示。新建 HTML 页面，并在页面中添加标题和段落文本，然后通过边框样式属性控制标题和段落的边框效果。

案例 5-2　设置边框样式。

案例源代码如下：

```
1  <!doctype html>
2  <html>
3  <head>
4    <meta charset="utf-8">
5    <title>设置边框样式</title>
6  <style type="text/css">
7    h2{border-style:double;}  /*4 条边框相同——双实线 */
8    .one{border-style:dotted solid;}  /* 上下为点线，左右为单实线 */
9    .two{border-style:solid dotted dashed;}  /* 上实线、左右点线、下虚线 */
10 </style>
11 </head>
12 <body>
13   <h2>边框样式——双实线</h2>
14   <p class="one">边框样式——上下为点线，左右为单实线</p>
15   <p class="two">边框样式——上边框单实线、左右点线、下边框虚线</p>
16 </body>
17 </html>
```

在本例中，使用边框样式 border-style 的综合和单边属性，设置标题和段落文本的边框样式。程序运行结果如图 5-3 所示。

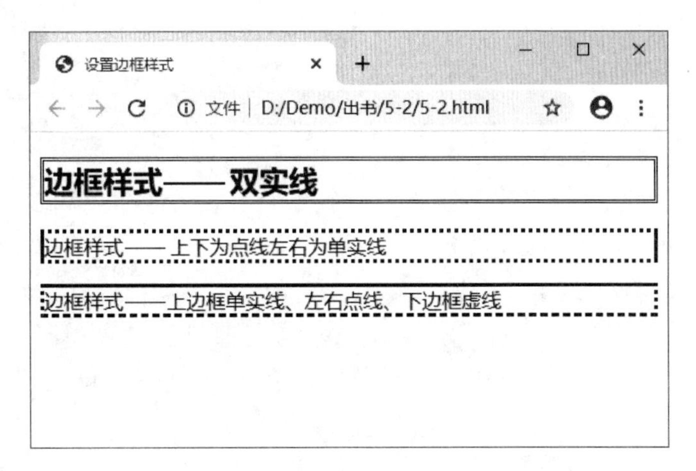

图 5-3　边框样式效果

注意：由于兼容性问题，在不同的浏览器中点线 dotted 和虚线 dashed 的显示样式可能会略有差异。

2. 边框宽度（border-width）

border-width 属性用于设置边框的宽度。其基本语法格式如下：

```
border-width: 上边 [右边下边左边];
```

在上面的语法格式中，border-width 属性常用的取值单位为像素 px。并且，同样遵循值复制的原则，其属性值可以设置 1~4 个，即 1 个值为四边，2 个值为上下 / 左右，3 个值为上 / 左右 / 下，4 个值为上 / 右 / 下 / 左。

下面通过一个案例对边框宽度属性进行演示。新建 HTML 页面，并在页面中添加段落文本，然后通过边框宽度属性对段落进行控制。

案例 5-3 设置边框宽度。

案例源代码如下：

```
1  <!doctype html>
2  <html>
3  <head>
4    <meta charset="utf-8">
5    <title>设置边框宽度</title>
6  <style type="text/css">
7    .one{border-width:3px;border-style:solid;}
8    .two{border-width:3px 1px;border-style:solid;}
9    .three{border-width:3px 1px 2px;border-style:solid;}
10 </style>
11 </head>
12 <body>
13   <p class="one">边框宽度——2px。边框样式——单实线。</p>
14   <p class="two">边框宽度——上下 3px，左右 1px。边框样式——单实线。</p>
15   <p class="three">边框宽度——上 3px，左右 1px，下 2px。边框样式——单实线。</p>
16 </body>
17 </html>
```

在本例中，对边框宽度属性分别定义了 1 个属性值、2 个属性值和 3 个属性值，来对比边框的变化。程序运行结果如图 5-4 所示。

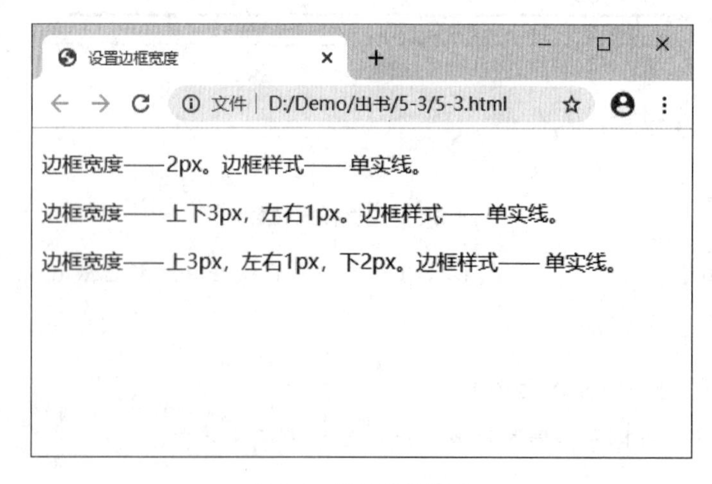

图 5-4　设置边框宽度

在图 5-3 中，段落文本并没有显示预期的边框效果。这是因为在设置边框宽度时，必须同时设置边框样式，如果未设置样式或设置为 none，则不论宽度设置为多少都没有效果。

在上述 CSS 代码中，为 <p> 标签添加边框样式，代码如下：

```
p{border-style:solid;}  /* 综合设置边框样式 */
```

保存 HTML 文件，刷新网页，效果如图 5-5 所示。

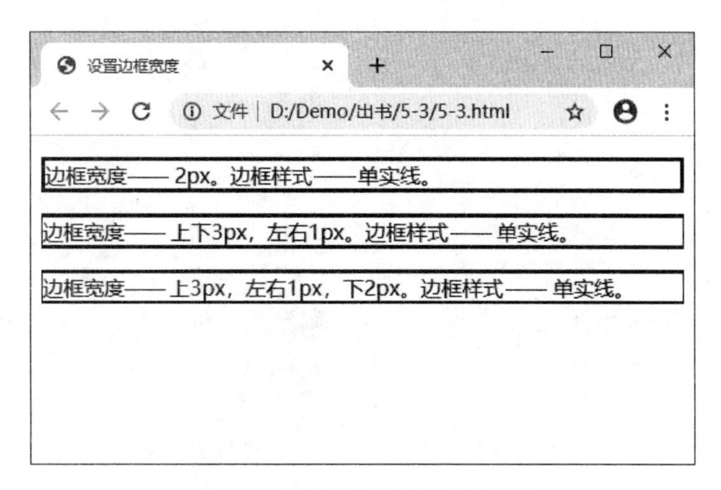

图 5-5　同时设置边框宽度和样式

在图 5-5 中，段落文本显示了预期的边框效果。

3. 边框颜色（border-color）

border-color 属性用于设置边框的颜色。其基本语法格式如下：

```
border-color: 上边 [右边下边左边] ;
```

CSS3 在原边框颜色属性（border-color）的基础上派生了 4 个边框颜色属性：border-top-colors、border-right-colors、border-bottom-colors、border-left-colors。

4. 综合设置边框

使用 border-style、border-width、border-color 虽然可以实现丰富的边框效果，但是这种方式书写的代码烦琐，且不便于阅读，为此 CSS 提供了更简单的边框设置方式。其基本格式如下：

```
border: 宽度样式颜色 ;
```

下面对标题、段落和图像分别应用 border 复合属性设置边框。

案例 5-4　综合设置边框。

案例源代码如下：

```
1  <!doctype html>
2  <html>
3  <head>
4    <meta charset="utf-8">
5    <title>综合设置边框</title>
6  <style type="text/css">
7  h2{
8    border-top:3 px dashed#F00;     /*单侧复合属性设置各边框*/
9    border-right:10 px double#900;
10   border-bottom:5 px double#FF6600;
11   border-left:10 px solid green;
12 }
13 .b1{border:15 px solid#FF6600;}  /*border复合属性设置各边框相同*/
14 </style>
15 </head>
16 <body>
17   <h2>综合设置边框</h2>
18   <img class="b1"src="1.png"alt="雕塑"/>
19 </body>
20 </html>
```

在本例中，首先使用边框的单侧复合属性设置二级标题，使其各侧边框显示不同样式，然后使用复合属性 border，为图像设置四条相同的边框。程序运行结果如图 5-6 所示。

图 5-6　综合设置边框

5. 圆角边框

在网页设计中，经常需要设置圆角边框，运用 CSS3 中的 border-radius 属性可以将矩形边框圆角化。其基本语法格式如下：

```
border-radius: 参数1/参数2
```

其中，“参数 1”表示圆角的水平半径，“参数 2”表示圆角的垂直半径，两个参数之间用“/”隔开。

下面通过一个案例对 border-radius 属性进行演示。

案例 5-5　设置圆角边框。

案例源代码如下：

```
1  <!doctype html>
2  <html>
3  <head>
4    <meta charset="utf-8">
5    <title> 圆角边框 </title>
6  <style type="text/css">
7    img{
8      border:8 px solid#6C9024;
9      border-radius:100 px/50 px;  /* 设置水平半径为 100 像素，垂直半径为 50 像素 */
10   }
11 </style>
12 </head>
13 <body>
14   <img class="yuanjiao" src="1.png" alt=" 圆角边框 "/>
15 </body>
16 </html>
```

在本例中，设置图片圆角边框的水平半径为 100 px，垂直半径为 50 px。程序运行结果如图 5-7 所示。

图 5-7　圆角边框效果

注意：在使用 border-radius 属性时，如果省略第二个参数，则会默认等于第一个参数。例如，将案例中的第 9 行代码替换为：

```
border-radius:50 px;  /* 设置圆角半径为 50 像素 */
```

保存 HTML 文件，刷新页面，效果如图 5-8 所示。

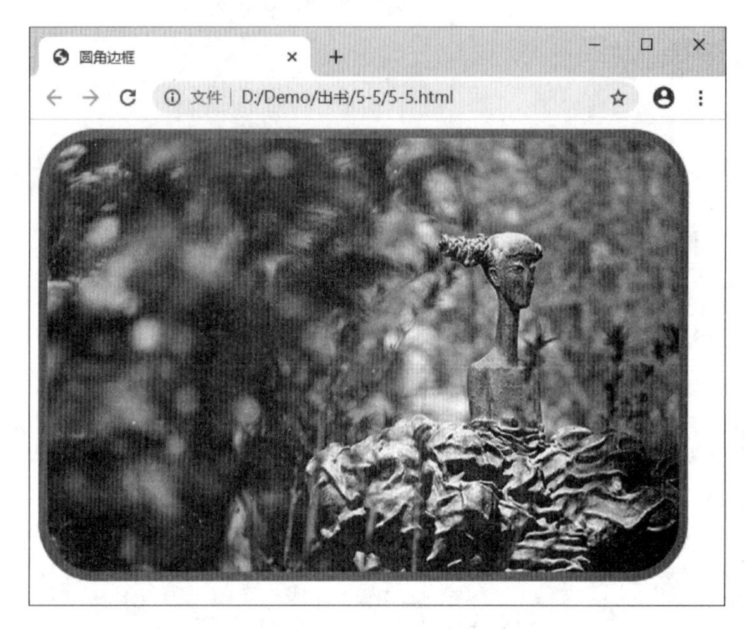

图 5-8　未设置“参数 2”的圆角边框

5.2.2　内边距

在 CSS 中 padding 属性用于设置内边距，同边框属性 border 一样，padding 也是复合属性。其相关设置方法如下：

（1）padding-top：上内边距。

（2）padding-right：右内边距。

（3）padding-bottom：下内边距。

（4）padding-left：左内边距。

（5）padding：上内边距 [右内边距下内边距左内边距]。

下面通过一个案例演示内边距的用法和效果。新建 HTML 页面，在页面中添加一个图像和一段段落，然后使用 padding 相关属性，控制它们的显示位置。

案例 5-6　设置内边距。

案例源代码如下：

```
1  <!doctype html>
2  <html>
3  <head>
4    <meta charset="utf-8">
5    <title>设置内边距</title>
6  <style type="text/css">
7  .border{border:5 px solid#F60;}  /*为图像和段落设置边框*/
8  img{
9    padding:80 px;  /*图像4个方向内边距相同*/
10   padding-bottom:0;  /*单独设置下内边距*/
11 }  /*上面两行代码等价于padding:80 px 80 px0;*/
12 p{padding:5%;}  /*段落内边距为父元素宽度的5%*/
13 </style>
14 </head>
15 <body>
16   <img class="border" src="1.png" alt="北服雕塑">
17   <p class="border">段落内边距为父元素宽度的5%。</p>
18 </body>
19 </html>
```

在本例中，使用 padding 相关属性设置图像和段落的内边距，其中段落内边距使用 % 数值。程序运行结果如图 5-9 所示。

图 5-9　设置内边距

由于段落的内边距设置为了 % 数值，当拖动浏览器窗口改变其宽度时，段落的内边距会随之发生变化（此时 <p> 标签的父元素为 <body>）。

注意：

如果设置内外边距为百分比，则不论上下或左右的内外边距，都是相对于父元素宽度 width 的百分比，随父元素 width 的变化而变化，和高度 height 无关。

5.2.3 外边距

在 CSS 中 margin 属性用于设置外边距，它是一个复合属性，与内边距 padding 的用法类似。设置外边距的方法如下：

（1）margin-top：上外边距。

（2）margin-right：右外边距。

（3）margin-bottom：下外边距。

（4）margin-left：左外边距。

（5）margin：上外边距（右外边距、下外边距、左外边距）。

下面通过一个案例演示外边距的用法和效果。新建 HTML 页面，在页面中添加一个图像和一个段落，然后使用 margin 相关属性，对图像和段落进行排版。

案例 5-7 设置外边距。

案例源代码如下：

```
1  <!doctype html>
2  <html>
3  <head>
4    <meta charset="utf-8">
5    <title>设置外边距</title>
6  <style type="text/css">
7  img{
8    width:300 px;
9    border:5 px solid red;
10   float:left;  /*设置图像左浮动*/
11   margin-right:50 px;  /*设置图像的右外边距*/
12   margin-left:30 px;  /*设置图像的左外边距*/
13   /*上面两行代码等价于margin:0 50 px 0 30 px;*/
14 }
```

```
15 p{text-indent:2 em;}
16 </style>
17 </head>
18 <body>
19    <img src="logo.jpg"alt="Web 前端设计 "/>
20    <p>Web 前端开发是从网页制作演变而来的，名称上有很明显的时代特征。在互联网的演化进
      程中，网页制作是 Web1.0 时代产物，那时网站的主要内容是静态的，用户使用网站的行为也
      以浏览为主。2005年以后，互联网进入Web2.0时代，各种类似桌面软件的Web应用大量涌现，
      网站的前端由此发生了翻天覆地的变化。网页不再只是承载单一的文字和图片，各种富媒体让
      网页的内容更加生动，网页上软件化的交互形式为用户提供了更好的使用体验，这些都是基于
      前端技术实现的。</p>
21 </body>
22 </html>
```

在本例中，使用浮动属性 float 使图像居左，同时设置图像的左外边距和右外边距，使图像和文本之间拉开一定的距离，实现常见的排版效果（对于浮动，这里了解即可，后面章节将会详细介绍）。程序运行结果如图 5-10 所示。

图 5-10　设置外边距

5.2.4　box-shadow

在网页制作中，经常需要对盒子添加阴影效果。CSS3 中的 box-shadow 属性可以轻松实现阴影的添加。其基本语法格式如下：

```
box-shadow: 像素值 1 像素值 2 像素值 3 像素值 4 颜色值阴影类型;
```

在上面的语法格式中，box-shadow 属性共包含 6 个参数值，对它们的具体解释如表 5-2 所示。

表 5-2　box-shadow 属性值

参数值	说明
像素值 1	表示元素水平阴影位置，可以为负值（必选属性）
像素值 2	表示元素垂直阴影位置，可以为负值（必选属性）
像素值 3	阴影模糊半径（可选属性）
像素值 4	阴影扩展半径，不能为负值（可选属性）
颜色值	阴影颜色（可选属性）
阴影类型	内阴影（inset）/ 外阴影（默认）（可选属性）

下面通过一个为图片添加阴影的案例演示 box-shadow 属性的用法和效果。

案例 5-8　box-shadow 属性的应用。

案例源代码如下：

```
1  <!doctype html>
2  <html>
3  <head>
4    <meta charset="utf-8">
5    <title>box-shadow 属性 </title>
6  <style type="text/css">
7  img{
8    padding:20 px;
9    border-radius:50%;
10   border:1 px solid#ccc;
11   box-shadow:5 px 5 px 10 px 2 px#999 inset;
12 }
13 </style>
14 </head>
15 <body>
16   <img class="border" src="logo.jpg" alt="web 前端设计 ">
17 </body>
18 </html>
```

在本例中，第 11 行代码定义了一个水平位置和垂直位置均为 5 px，模糊半径为 10 px，扩展半径为 2 px 的浅灰色内阴影。程序运行结果如图 5-11 所示。

5.2.5　box-sizing

box-sizing 属性用于定义盒子的宽度值和高度值是否包含元素的内边距和边框。其基本语法格式如下：

图 5-11　box-shadow 属性应用效果

```
box-sizing:content-box/border-box;
```

在上面的语法格式中，box-sizing 属性的取值可以为 content-box 或 border-box，解释如下：

（1）content-box：浏览器对盒模型的解释遵循 W3C 标准，当定义 width 和 height 时，它的参数值不包括 border 和 padding。

（2）border-box：当定义 width 和 height 时，border 和 padding 的参数值被包含在 width 和 height 之内。

下面通过一个案例对 box-sizing 属性进行演示。

案例 5-9　box–sizing 属性的应用。

案例源代码如下：

```
1  <!doctype html>
2  <html>
3  <head>
4    <meta charset="utf-8">
5    <title>box-sizing</title>
6  <style type="text/css">
7  .box1{
8    width:300 px;
9    height:100 px;
10   padding-right:10 px;
11   background:#F90;
12   border:10 px solid#ccc;
13   box-sizing:content-box;
14 }
```

```
15 .box2{
16   width:300 px;
17   height:100 px;
18   padding-right:10 px;
19   background:#F90;
20   border:10 px solid#ccc;
21   box-sizing:border-box;
22 }
23 </style>
24 </head>
25 <body>
26   <div class="box1">content_box 属性 </div>
27   <div class="box2">border_box 属性 </div>
28 </body>
29 </html>
```

在本例中，定义了两个盒子，并对它们设置相同的宽、高、右内边距和边框样式。并且，对第一个盒子定义“box-sizing：content-box；”样式，对第二个盒子定义“box-sizing：border-box；”样式。程序运行结果如图 5-12 所示。

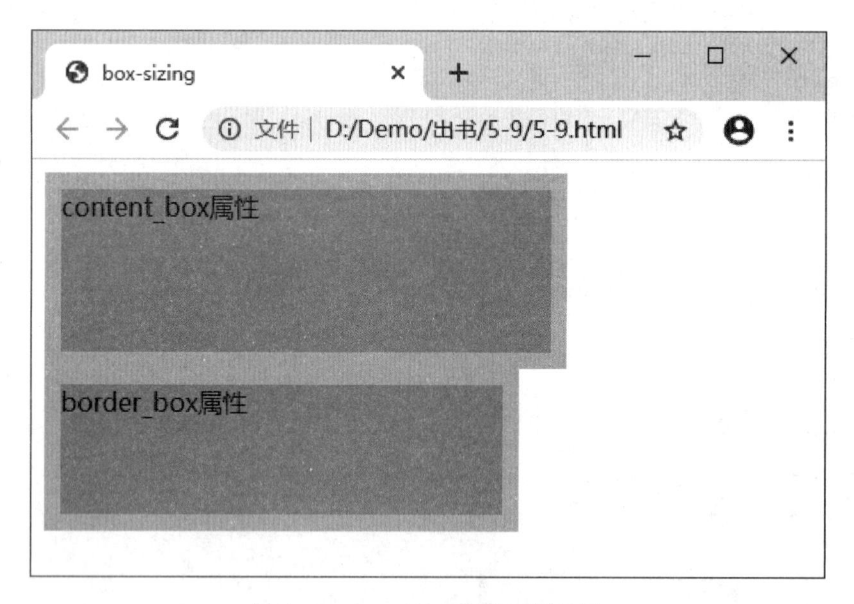

图 5-12　box-sizing 属性应用效果

在图 5–11 中，两个盒子均设置了 padding-right：10 px；和 border：10 px solid#ccc；，即右内边距 10 px+ 左边框 10 px+ 右边框 10 px，总共 30 px。应用了“box-sizing：content-box；”样式的盒子 1，宽度比 width 参数值多出 30 px，总宽度仍为 300 px。可见应用“box-sizing：border-box；”样式后，盒子 border 和 padding 的参数值是被包含在 width 和 height 之内的。

5.2.6　背景属性

为网页元素设置背景颜色和背景图片，能令网页呈现出丰富多彩的显示效果。本节将详细介绍如何在设计过程中应用元素的背景属性。

1. 背景颜色

在 CSS 中，使用 background-color 属性设置网页元素的背景颜色，其属性值与文本颜色的取值一样，可使用预定义的颜色值、十六进制 #RRGGBB 或 RGB 代码 rgb（r，g，b）。background-color 的默认值为 transparent，即背景透明，此时子元素会显示其父元素的背景。

下面通过一个案例演示 background-color 属性的用法。新建 HTML 页面，在页面中添加标题和段落文本，然后通过 background-color 属性控制标题标签 <h2> 和主体标签 <body> 的背景颜色。

案例 5-10　设置背景颜色。

案例源代码如下：

```
1  <!doctype html>
2  <html>
3  <head>
4    <meta charset="utf-8">
5    <title>设置背景颜色</title>
6  <style type="text/css">
7  body{background-color:#CCC;}  /*设置网页的背景颜色*/
8  h2{
9    font-family:"微软雅黑";
10   color:#FFF;
11   background-color:#FC3;      /*设置标题的背景颜色*/
12 }
13 </style>
14 </head>
15 <body>
16   <h2>web技术</h2>
17   <p>Web的本意是蜘蛛网和网，在网页设计中称为网页。现广泛用在网络、互联网等技术领
     域，表现为3种形式，即超文本(Hypertext)、超媒体(Hypermedia)、超文本传输协议
     (HTTP)等。Web技术指的是开发互联网应用的技术总称，一般包括Web服务端技术和Web
     客户端技术。</p>
18 </body>
19 </html>
```

在本例中，通过 background-color 属性分别控制标题和网页主体的背景颜色。程序运行结果如图 5-13 所示。

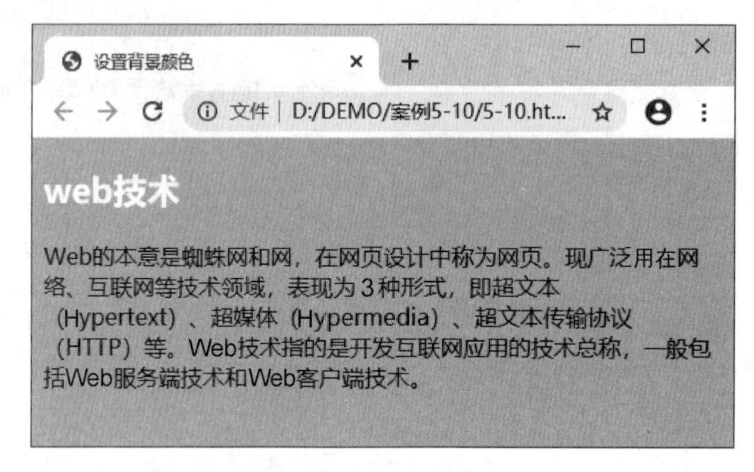

图 5-13　设置背景颜色

在图 5-13 中，标题文本的背景颜色为黄色，段落文本显示父元素 body 的背景颜色。这是由于未对段落标签 <p> 设置背景颜色时，会默认为透明背景（Transparent），所以段落将显示其父元素的背景颜色。

2. 背景图像

背景不仅可以设置为某种颜色，还可以将图像作为元素的背景。在 CSS 中通过 background-image 属性设置背景图像。

（1）背景与图片不透明度的设置：

- RGBA 模式：RGBA 是 CSS3 新增的颜色模式，它是 RGB 颜色模式的延伸，该模式是在红、绿、蓝三原色的基础上添加了不透明度参数。其语法格式如下：

```
rgba(r,g,b,alpha);
```

- opacity 属性：在 CSS3 中，使用 opacity 属性能够使任何元素呈现出透明效果。其语法格式如下：

```
opacity:opacityValue;
```

（2）设置背景图像平铺。默认情况下，背景图像会自动沿着水平和竖直两个方向平铺，如果不希望图像平铺，或者只沿着一个方向平铺，可以通过 background-repeat 属性来控制。该属性的取值如下：

- repeat：沿水平和竖直两个方向平铺（默认值）。
- no-repeat：不平铺（图像位于元素的左上角，只显示一个）。
- repeat-x：只沿水平方向平铺。

- repeat-y：只沿竖直方向平铺。

注意：

如果将背景图像的平铺属性 background-repeat 定义为 no-repeat，图像将默认以元素的左上角为基准点显示。

（3）设置背景图像的固定。如果希望背景图像固定在屏幕的某一位置，不随着滚动条移动，可以使用 background-attachment 属性来设置。background-attachment 属性有两个属性值，分别代表不同的含义，具体解释如下：

- scroll：图像随页面元素一起滚动（默认值）。
- fixed：图像固定在屏幕上，不随页面元素滚动。

（4）设置背景图像的大小。在 CSS3 中，background-size 属性用于控制背景图像的大小，其基本语法格式如下：

```
background-size: 属性值 1 属性值 2;
```

具体解释如表 5-3 所示。

表 5-3　背景图像大小属性设置

属 性 值	说 明
像素值	设置背景图像的高度和宽度。第一个值设置宽度，第二个值设置高度。如果只设置一个值，则第二个值会默认为 auto
百分比	以父元素的百分比来设置背景图像的宽度和高度。第一个值设置宽度，第二个值设置高度。如果只设置一个值，则第二个值会默认为 auto
cover	把背景图像扩展至足够大，使背景图像完全覆盖背景区域。背景图像的某些部分也许无法显示在背景定位区域中
contain	把图像扩展至最大尺寸，以使其宽度和高度完全适应内容区域

下面通过一个案例对控制背景图像大小的方法进行演示。

案例 5-11　设置背景图像的大小。

案例源代码如下：

```
1  <!doctype html>
2  <html>
3  <head>
4    <meta charset="utf-8">
5    <title>设置背景图像的大小 </title>
6  <style type="text/css">
```

```
7  div{
8    width:300 px;
9    height:300 px;
10   border:3 px solid#666;
11   margin:0 auto;
12   background-color:#FCC;
13   background-image:url(bg.jpg);
14   background-repeat:no-repeat;
15   background-position:center center;
16 }
17 </style>
18 </head>
19 <body>
20   <div>300px 的盒子 </div>
21 </body>
22 </html>
```

在例 5-11 中，定义了一个宽高均为 300 px 的盒子，并为其填充一个居中显示的背景图片。程序运行结果如图 5-14 所示。

图 5-14　背景图像填充

在图 5-14 中，背景图片居中显示。此时，运用 background-size 属性可以对图片的大小进行控制，为 div 添加 CSS 样式代码：

```
background-size:100 px 200 px;
```

保存 HTML 文件，刷新页面，效果如图 5-15 所示。

图 5-15　控制背景图像大小

通过图 5-15 容易看出，背景图片被不成比例地缩小了，如果想要等比例控制图片大小，可以只设置一个属性值。

（5）背景复合属性。同边框属性一样，在 CSS 中背景属性也是一个复合属性，可以将背景相关的样式都综合定义在一个复合属性 background 中。使用 background 属性综合设置背景样式的语法格式如下：

```
    background: [background-color] [background-image] [background-repeat]
[background-attachment] [background-position] [background-size] [background-clip]
[background-origin] ;
```

下面通过一个案例对 background 背景复合属性的用法进行演示。

案例 5-12　背景复合属性应用。

案例源代码如下：

```
1  <!doctype html>
2  <html>
3  <head>
4    <meta charset="utf-8">
5    <title> 背景复合属性 </title>
6  <style type="text/css">
7  div{
8    width:200 px;
9    height:200 px;
10   border:5 px dashed#B5FFFF;
11   padding:25 px;
```

```
12    background:#B5FFFF url(bg.jpg)no-repeat left bottom padding-box;
13 }
14 </style>
15 </head>
16 <body>
17    <div>走过红尘的纷扰，弹落灵魂沾染的尘埃，携一抹淡淡的情怀，迎着清馨的微风，坐在岁
   月的源头，看时光婆娑的舞步，让自己安静在时间的沙漏里，感受淡如清风，静若兰的唯美。
    </div>
18 </body>
19 </html>
```

在本例中，运用背景复合属性为 div 定义了背景颜色、背景图片、图像平铺方式、背景图像位置，以及裁剪区域等多个属性。程序运行结果如图 5-16 所示。

图 5-16　背景复合属性应用效果

案例 5-13　盒子模型综合设置。

本案例进一步展示通过盒子模型的属性设置，完成卡通拼图效果的方法。完整代码如下所示：

```
1   <!DOCTYPE html>
2   <html lang="en">
3   <head>
4     <meta charset="UTF-8">
5     <title>卡通拼图 </title>
6   <style type="text/css">
7   .box{
8     width:604 px;
9     height:454 px;
10    margin:0 auto;
```

```
11   border:5 px solid#aaa;
12 }
13 .one{
14   width:604 px;
15   height:227 px;
16   background-image:url(images/01.jpg),url(images/02.jpg),url(images/03.
     jpg);
17   background-repeat:no-repeat;
18   background-position:left,center,right;
19 }
20 .two{
21   width:604 px;
22   height:227 px;
23   background-image:url(images/04.jpg),url(images/05.jpg),url(images/06.
     jpg);
24   background-repeat:no-repeat;
25   background-position:left,center,right;
26 }
27 </style>
28 </head>
29 <body>
30   <div class="box">
31     <div class="one"></div>
32     <div class="two"></div>
33   </div>
34 </html>
```

程序运行结果如图 5-17 所示。

图 5-17 盒子模型综合设置效果

在本例中，拼图分为上下两部分，上半部分三副背景图像分别位于盒子的左、中、右位置，下半部分同理。

5.3　div 和 span 标签

5.3.1　块元素和行内元素

HTML 标签语言提供了丰富的标签，用于组织页面结构。为了使页面结构的组织更加轻松、合理，HTML 标签被定义成了不同的类型，一般分为块标签和行内标签，也称块元素和行内元素。了解它们的特性可以为使用 CSS 设置样式和布局打下基础。

1. 块元素

块元素在页面中以区域块的形式出现，其特点是，每个块元素通常都会独自占据一整行或多整行，可以对其设置宽度、高度、对齐等属性，常用于网页布局和网页结构的搭建。

常见的块元素有 <h1>~<h6>、<p>、<div>、<ul>、<ol>、<li> 等，其中 <div> 标签是最典型的块元素。

2. 行内元素

行内元素也称内联元素或内嵌元素，其特点是不必在新的一行开始，同时，也不强迫其他元素在新的一行显示。一个行内元素通常会和它前后的其他行内元素显示在同一行中，它们不占有独立的区域，仅仅靠自身的字体大小和图像尺寸来支撑结构，一般不可以设置宽度、高度、对齐等属性，常用于控制页面中文本的样式。

常见的行内元素有 <strong>、<b>、<em>、<i>、<del>、<s>、<ins>、<u>、<a>、<span> 等，其中 <span> 标签是最典型的行内元素。

5.3.2　div 标签

div 是英文 division 的缩写，意为“分割、区域”。<div> 标签是一个典型的块元素，即一个区块容器标签，它可以将网页分割为独立的、不同的部分，以实现网页的规划和布局。<div> 与 </div> 之间相当于一个容器，可以容纳段落、标题、图像等各种网页元素，也就是说，大多数 HTML 标签都可以嵌套在 <div> 标签中，<div> 中还可以嵌套多层 <div>。

<div> 标签非常强大，通过与 id、class 等属性配合，然后使用 CSS 设置样式，来替代大多数文本标签。

5.3.3　span 标签

与 <div> 一样，<span> 也作为容器标签被广泛应用在 HTML 语言中。与 <div> 标签不同的是 <span> 是行内元素，<span> 与 </span> 之间只能包含文本和各种行内标签，如加粗标签 <strong>、倾斜标签 <em> 等，<span> 中还可以嵌套多层 <span>。

<span> 标签常用于定义网页中某些特殊显示的文本，配合 class 属性使用。它本身没有固定的表现格式，只有应用样式时，才会产生视觉上的变化。当其他行内标签都不合适时，就可以使用 <span> 标签。

5.3.4　标签的类型和转换

如果希望行内元素具有块元素的某些特性，例如可以设置宽高，或者需要块元素具有行内元素的某些特性，例如不独占一行排列，可以使用 display 属性对元素的类型进行转换。

display 属性常用的属性值及含义如下：

（1）inline：此元素将显示为行内元素（行内元素默认的 display 属性值）。

（2）block：此元素将显示为块元素（块元素默认的 display 属性值）。

（3）inline-block：此元素将显示为行内块元素，可以对其设置宽高和对齐等属性，但是该元素不会独占一行。

（4）none：此元素将被隐藏，不显示，也不占用页面空间，相当于该元素不存在。

下面通过一个案例演示 display 属性的用法和效果。

案例 5-14　元素的转换。

案例源代码如下：

```
1  <!doctype html>
2  <html>
3  <head>
```

```
4    <meta charset="utf-8">
5    <title>元素的转换</title>
6  <style type="text/css">
7  div,span{  /*同时设置div和span的样式*/
8    width:200 px;  /*宽度*/
9    height:50 px;  /*高度*/
10   background:#FCC;  /*背景颜色*/
11   margin:10 px;  /*外边距*/
12 }
13 .d_one,.d_two{display:inline;}  /*将前两个div转换为行内元素*/
14 .s_one{display:inline-block;}  /*将第一个span转换为行内块元素*/
15 .s_three{display:block;}  /*将第三个span转换为块元素*/
16 </style>
17 </head>
18 <body>
19 <div class="d_one">第一个div中的文本</div>
20 <div class="d_two">第二个div中的文本</div>
21 <div class="d_three">第三个div中的文本</div>
22 <span class="s_one">第一个span中的文本</span>
23 <span class="s_two">第二个span中的文本</span>
24 <span class="s_three">第三个span中的文本</span>
25 </body>
26 </html>
```

在本例中，定义了三对<div>和三对<span>标签，为它们设置相同的宽度、高度、背景颜色和外边距。同时，对前两个<div>应用“display:inline;”样式，使它们从块元素转换为行内元素，对第一个和第三个<span>分别应用“display:inline-block;”和“display:inline;”样式，使它们分别转换为行内块元素和行内元素。程序运行结果如图5-18所示。

图5-18　元素的转换

从图 5-17 可以看出，前两个 <div> 排列在了同一行，靠自身的文本内容支撑其宽高，这是因为它们被转换成了行内元素。而第一个和第三个 <span> 则按固定的宽高显示，不同的是前者不会独占一行，后者独占一行，这是因为它们分别被转换成了行内块元素和块元素。

注意：

仔细观察图 5-17 可以发现，前两个 <div> 与第三个 <div> 之间的垂直外边距，并不等于前两个 <div> 的 margin-bottom 与第三个 <div> 的 margin-top 之和。这是因为前两个 <div> 被转换成了行内元素，而行内元素只可以定义左右外边距，定义上下外边距时无效。

在上面的例子中，使用 display 的相关属性值，可以实现块元素、行内元素和行内块元素之间的转换。如果希望某个元素不被显示，还可以使用“display：none；”进行控制。例如，希望上面例子中的第三个 <div> 不被显示，可以在 CSS 代码中增加如下样式：

```
.d_three{display:none;}  /* 隐藏第三个 div*/
```

保存 HTML 页面，刷新网页，效果如图 5-19 所示。

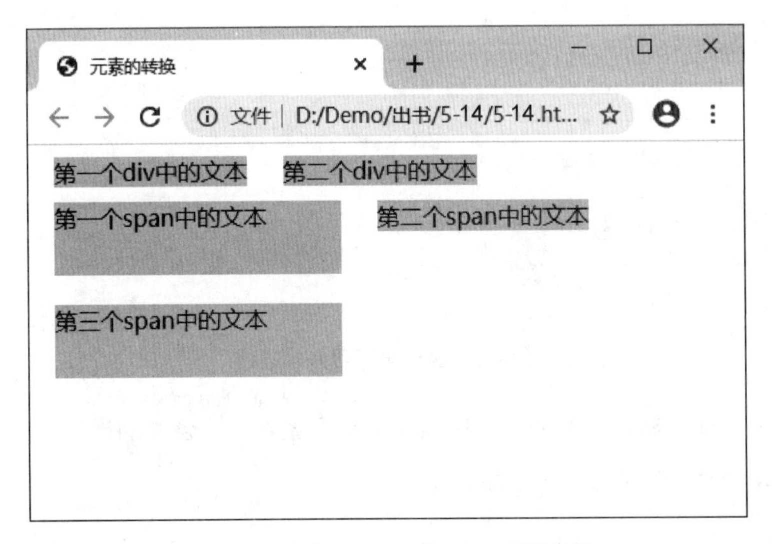

图 5-19　定义 display 为 none 后的效果

从图 5-18 可以看出，当定义元素的 display 属性为 none 时，该元素将从页面消失，不再占用页面空间。

5.4　盒子外边距的合并

外边距合并指的是当两个垂直外边距相遇时，它们将形成一个外边距。合并后的外边距的高度等于两个发生合并的外边距的高度中的较大者。

5.4.1 垂直合并

外边距垂直合并叠加是一个相当简单的概念。但是，在实践中对网页进行布局时，它会造成许多混淆。简单地说，外边距合并指的是当两个垂直外边距相遇时，它们将形成一个外边距。合并后的外边距的高度等于两个发生合并的外边距的高度中的较大者。

当一个元素出现在另一个元素上面时，第一个元素的下外边距与第二个元素的上外边距会发生合并，如图 5-20 所示。

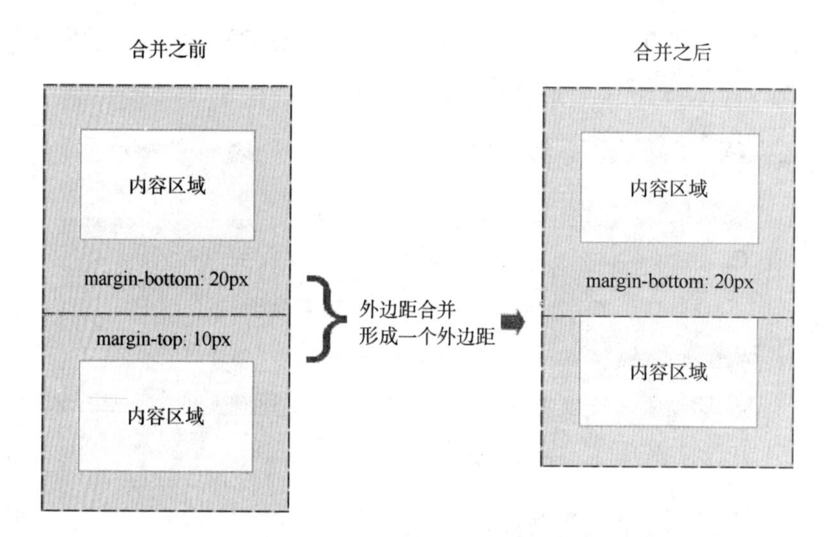

图 5-20　盒子垂直合并外边距

为详细说明上述问题，下面通过案例具体解释垂直外边距合并的规则。

案例 5-15　CSS 盒子模型外边距合并。

案例源代码如下：

```
1  <!doctype html>
2  <html>
3  <head>
4    <meta charset="utf-8">
5    <title>CSS 盒子模型外边距合并 </title>
6  <style type="text/css">
7  *{/* 去掉所有的默认设置 */
8    margin:0;
9    padding:0;
```

```
10   border:0;
11 }
12 #div_1{
13   width:100 px;
14   height:100 px;
15   margin-top:20 px;  /* 第一个盒子的上外边距为 20 像素 */
16   margin-bottom:20 px;  /* 第一个盒子的下外边距为 20 像素 */
17   background-color:#FF0000;
18 }
19 #div_2{
20   width:100 px;
21   height:100 px;
22   margin-top:10 px;  /* 第二个盒子的上外边距为 10 像素 */
23   background-color:#0000FF;
24 }
25 </style>
26 </head>
27 <body>
28   <div id="div_1"></div>
29   <div id="div_2"></div>
30   <p>请注意，两个 div 之间的外边距是 20px，而不是 30px(20px+10px)</p>
31 </body>
32 </html>
```

程序运行结果如图 5-21 所示。

图 5-21　盒子外边距垂直叠加效果

注意：两个盒子之间的距离，也就是所谓的 margin，确实实现了合并，并且合并后的外边距的高度等于两个发生合并的外边距的高度中的较大者。

5.4.2 嵌套合并

当一个元素包含在另一个元素中形成嵌套时（假设没有内边距或边框把外边距分隔开），它们的上和下外边距也会发生合并，如图 5-22 所示。

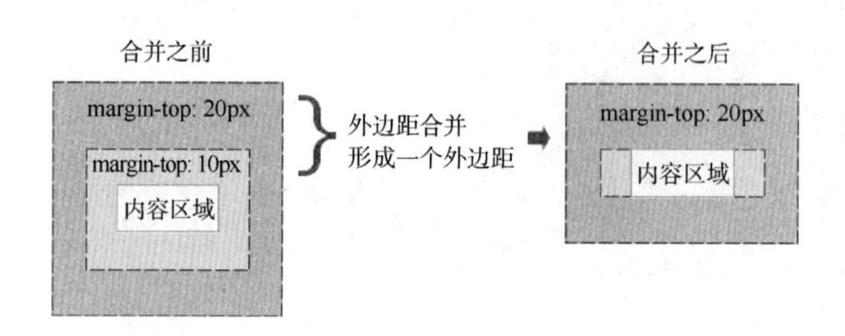

图 5-22 盒子嵌套合并外边距

为详细说明上述问题，下面通过案例具体解释嵌套外边距合并的规则。

案例 5-16 CSS 盒子模型外边距合并 2。

程序源代码如下：

```
1  <!doctype html>
2  <html>
3  <head>
4    <meta charset="utf-8">
5    <title>CSS 盒子模型外边距合并 2</title>
6  <style type="text/css">
7  *{
8    margin:0;
9    padding:0;
10   border:0;
11 }
12 #outer{
13   width:300 px;
14   height:300 px;
15   background-color:#FF0000;
16   margin-top:20 px;  /* 外部盒子的上外边距为 20 像素 */
17 }
18 #inner{
19   width:100 px;
20   height:100 px;
21   background-color:#0000FF;
```

```
22    margin-top:10 px;  /* 内部盒子的上外边距为 20 像素 */
23 }
24 </style>
25 </head>
26 <body>
27    <div id="outer">
28       <div id="inner"></div>
29    </div>
30    <p><b> 注释 :</b> 请注意，如果不设置 div 的内边距和边框，那么内部 div 的上外边距将
      与外部 div 的上外边距 ( 合叠 )</p>
31 </body>
32 </html>
```

程序运行结果如图 5-23 所示。

图 5-23　盒子外边距垂直叠加效果

注意：两个盒子的上外边距的像素值，很清楚看出都是 20 像素。如果不设置 div 的内边距和边框，那么内部 div 的上外边距将与外部 div 的上外边距重叠。

5.5　浮动和定位

在 DIV+CSS 布局中，<div> 标签是盒子模型的主要载体，具有分割网页的功能。CSS 样式中的 position 属性和 float 属性决定这些 <div> 标签的相互关系和分布排列的位置。

5.5.1 盒子的定位

在 CSS 样式中，position（定位）属性定义元素区域的相对空间位置，可以相对于其上级元素，或相对于另一个元素，或相对于浏览器窗口，它们决定了元素区域的布局方式。其基本语法格式如下：

```
选择器{position:属性值;}
```

position 属性的常用值有 4 个，分别表示不同的定位模式，具体如表 5-4 所示。

表 5-4　position 属性的常用值

值	描　述
static	自动定位（默认定位方式）
relative	相对定位，相对于其原文档流的位置进行定位
absolute	绝对定位，相对于其上一个已经定位的父元素进行定位
fixed	固定定位，相对于浏览器窗口进行定位

然而，定位模式（Position）仅用于定义元素以哪种方式定位，并不能确定元素的具体位置。在CSS中，通过边偏移属性top、bottom、left或right，来精确定义定位元素的位置，其取值为不同单位的数值或百分比，对它们的具体解释如表 5-5 所示。

表 5-5　边偏移属性

边偏移属性	描　述
top	顶端偏移量，定义元素相对于其父元素上边线的距离
bottom	底部偏移量，定义元素相对于其父元素下边线的距离
left	左侧偏移量，定义元素相对于其父元素左边线的距离
right	右侧偏移量，定义元素相对于其父元素右边线的距离

1. 静态定位 static

static 静态定位为默认值，网页元素遵循 HTML 的标准定位规则，即网页各种元素按照“前后相继”的顺序进行排列和分布。这种排列方式，也称为“标准文档流”排列。

所谓“标准文档流”排列方式针对不同元素显示不同结果。对于块元素，默认为自上而下排列；对于行内元素，默认为自左至右排列。

在静态定位状态下，无法通过边偏移属性（top、bottom、left 或 right）来改变元素的位置。

2. 相对定位 relative

relative 相对定位，网页元素也遵循 HTML 的标准定位规则，但需要为网页元素相对于原始的标准位置设置一定的偏移距离。在这种定位方式下，网页元素定位仍然遵循标准定位规则，只是产生偏移量而已。

下面通过一个案例演示子元素依据其直接父元素准确定位的方法。

案例 5-17　元素的定位。

案例源代码如下：

```
1  <!doctype html>
2  <html>
3  <head>
4    <meta charset="utf-8">
5    <title>元素的定位</title>
6  <style type="text/css">
7  body{margin:0 px;padding:0 px;font-size:18 px;font-weight:bold;}
8  .father{
9    margin:10 px auto;
10   width:300 px;
11   height:300 px;
12   padding:10 px;
13   background:#ccc;
14   border:1 px solid#000;
15 }
16 .child01,.child02,.child03{
17   width:100 px;
18   height:50 px;
19   line-height:50 px;
20   background:#ff0;
21   border:1 px solid#000;
22   margin:10 px 0 px;
23   text-align:center;
24 }
25 .child02{
26   position:relative;  /*相对定位*/
27   left:150 px;  /*距左边线150 px*/
28   top:100 px;  /*距顶部边线100 px*/
29 }
30 </style>
```

```
31 </head>
32 <body>
33 <div class="father">
34   <div class="child01">child-01</div>
35   <div class="child02">child-02</div>
36   <div class="child03">child-03</div>
37 </div>
38 </body>
39 </html>
```

在本例中，对 child02 设置相对定位模式，并通过边偏移属性 left 和 top 改变它的位置。程序运行结果如图 5-24 所示。

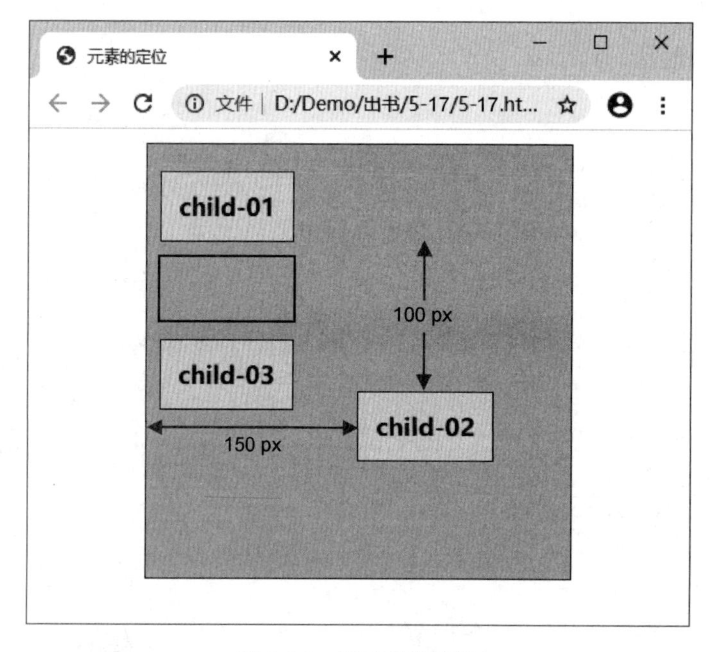

图 5-24　相对定位效果

通过图 5-23 可以看出，对 child02 设置相对定位后，它会相对于其自身的默认位置进行偏移，但是它在文档流中的位置仍然保留。

3. 绝对定位 absolute

absolute 绝对定位，网页元素不再遵循 HTML 的标准定位规则，脱离了“前后相继”的定位关系，以该元素的上级元素为基准设置偏移量进行定位。在此定位方式下，网页元素的位置相互独立，没有影响，因此元素可以重叠，可以随意移动。

下面通过一个案例演示子元素依据其直接父元素准确定位的方法。

案例 5-18　子元素相对于直接父元素定位。

案例源代码如下：

```
1  <!doctype html>
2  <html>
3  <head>
4    <meta charset="utf-8">
5    <title>子元素相对于直接父元素定位</title>
6  <style type="text/css">
7  body{margin:0 px;padding:0 px;font-size:18 px;font-weight:bold;}
8  .father{
9    margin:10 px auto;
10   width:300 px;
11   height:300 px;
12   padding:10 px;
13   background:#ccc;
14   border:1 px solid#000;
15   position:relative;  /*相对定位，但不设置偏移量*/
16 }
17 .child01,.child02,.child03{
18   width:100 px;
19   height:50 px;
20   line-height:50 px;
21   background:#ff0;
22   border:1 px solid#000;
23   margin:10 px 0 px;
24   text-align:center;
25 }
26 .child02{
27   position:absolute;  /*绝对定位*/
28   left:150 px;  /*距左边线150 px*/
29   top:100 px;  /*距顶部边线100 px*/
30 }
31 </style>
32 </head>
33 <body>
34 <div class="father">
35   <div class="child01">child-01</div>
36   <div class="child02">child-02</div>
37   <div class="child03">child-03</div>
38 </div>
39 </body>
40 </html>
```

在本例中，第 15 行代码用于对父元素设置相对定位，但不对其设置偏移量。同时，第 26~30 行代码用于对子元素 child02 设置绝对定位，并通过偏移属性对其进行精确定位。程序运行结果如图 5-25 所示。

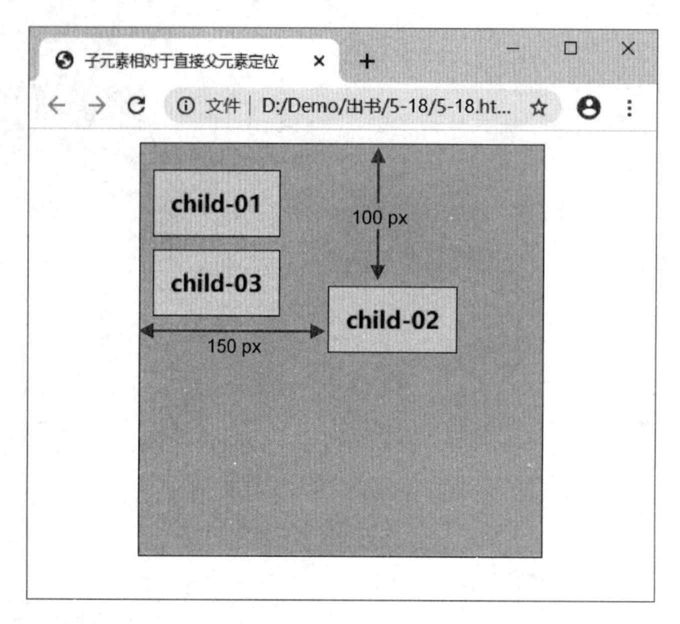

图 5-25　子元素相对于直接父元素绝对定位效果

在图 5-24 中，子元素相对于父元素进行偏移。这时，无论如何缩放浏览器的窗口，子元素相对于其直接父元素的位置都将保持不变。

注意：

- 如果仅设置绝对定位，不设置边偏移，则元素的位置不变，但其不再占用标准文档流中的空间，与上移的后续元素重叠。
- 定义多个边偏移属性时，如果 left 和 right 冲突，以 left 为准，top 和 bottom 冲突，以 top 为准。

4. 固定定位 fixed

fixed 固定定位与绝对定位类似，也脱离了“前后相继”的定位规则，但元素的定位是以浏览器窗口为基准进行。当拖动浏览器窗口滚动条时，该元素位置始终保持位置不变。

5.5.2　盒子的浮动属性

浮动属性作为 CSS 的重要属性，被频繁地应用在网页制作中。所谓元素的浮动是指设置了浮动属性的元素会脱离标准文档流的控制，移动到其父元素中相应位置的过程。在 CSS 中，通过 float 属性来定义浮动，其基本语法格式如下：

```
选择器{float:属性值;}
```

常用的 float 属性值有 3 个，分别表示不同的含义，具体如表 5-6 所示。

表 5-6　常用的 float 属性值

属 性 值	描　　述
left	元素向左浮动
right	元素向右浮动
none	元素不浮动（默认值）

clear 属性与 float 属性配合使用，清除各种浮动。其基本语法格式如下：

```
选择器{clear:属性值;}
```

clear 属性的常用值有 3 个，分别表示不同的含义，具体如表 5-7 所示。

表 5-7　常用的 clear 属性值

属 性 值	描　　述
left	不允许左侧有浮动元素（清除左侧浮动的影响）
right	不允许右侧有浮动元素（清除右侧浮动的影响）
both	同时清除左右两侧浮动的影响

5.5.3　浮动关系

下面通过一个案例学习 float 属性的用法。

案例 5-19　元素的浮动。

案例源代码如下：

```
1  <!doctype html>
2  <html>
3  <head>
4    <meta charset="utf-8">
5    <title>元素的浮动</title>
6  <style type="text/css">
7  .father{  /*定义父元素的样式*/
8    background:#ccc;
9    border:1 px dashed#999;
10 }
11 .box01,.box02,.box03{  /*定义box01、box02、box03三个盒子的样式*/
12   height:50 px;
13   line-height:50 px;
14   background:#FF9;
```

```
15   border:1 px solid#F33;
16   margin:15 px;
17   padding:0 px 10 px;
18 }
19 p{  /*定义段落文本的样式*/
20   background:#FCF;
21   border:1 px dashed#F33;
22   margin:15 px;
23   padding:0 px 10 px;
24 }
25 </style>
26 </head>
27 <body>
28 <div class="father">
29   <div class="box01">box01</div>
30   <div class="box02">box02</div>
31   <div class="box03">box03</div>
32   <p>这里是浮动盒子外围的段落文本，这里是浮动盒子外围的段落文本，这里是浮动盒子外围
     的段落文本，这里是浮动盒子外围的段落文本，这里是浮动盒子外围的段落文本，这里是浮
     动盒子外围的段落文本，这里是浮动盒子外围的段落文本，这里是浮动盒子外围的段落文本，
     这里是浮动盒子外围的段落文本。</p>
33 </div>
34 </body>
35 </html>
```

在本例中，所有的元素均不应用 float 属性，也就是说元素的 float 属性值都为其默认值 none。程序运行结果如图 5-26 所示。

图 5-26　不设置浮动时元素的默认排列效果

在图 5-25 中，box01、box02、box03 以及段落文本从上到下一一罗列。可见如果不对元素设置浮动，则该元素及其内部的子元素将按照标准文档流的样式显示，即块元素占据页面整行。

接下来，演示元素的左浮动效果。以 box01 为设置对象，对其应用左浮动样式，具体 CSS 代码如下：

```
.box01{  /* 定义 box01 左浮动 */
  float:left;
}
```

保存 HTML 文件，刷新页面，效果如图 5-27 所示。

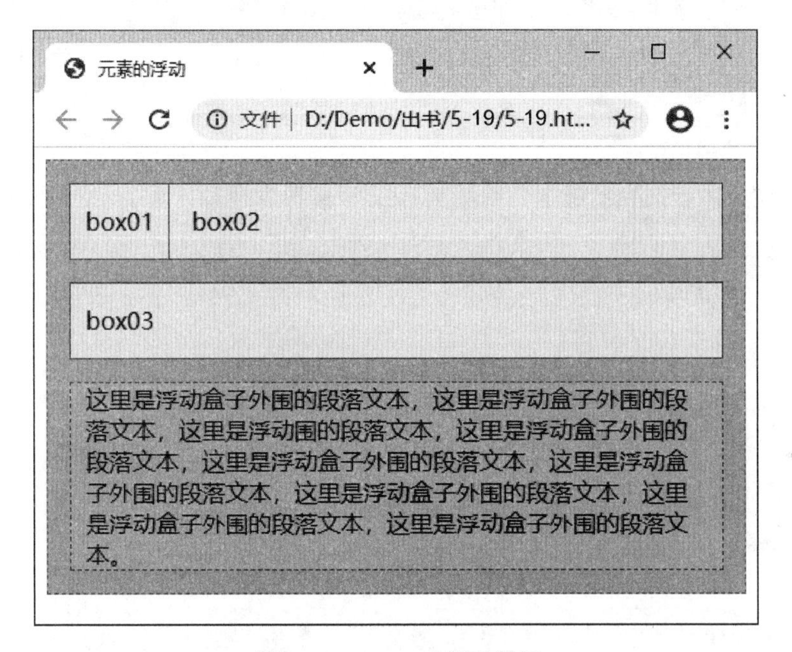

图 5-27　box01 左浮动效果

通过图 5-27 可以看出，设置左浮动的 box01 漂浮到了 box02 的左侧，也就是说 box01 不再受文档流控制，出现在了一个新的层次上。

下面在上述案例的基础上，继续为 box02 设置左浮动，具体 CSS 代码如下：

```
.box01,.box02{  /* 定义 box01、box02 左浮动 */
  float:left;
}
```

保存 HTML 文件，刷新页面，效果如图 5-28 所示。

在图 5-28 中，box01、box02、box03 三个盒子整齐地排列在同一行，可见通过应用“float:left;”样式可以使 box01 和 box02 同时脱离标准文档流的控制向左浮动。

图 5-28　box01 和 box02 同时左浮动效果

接下来，在上述案例的基础上，继续为 box03 设置左浮动，具体 CSS 代码如下：

```
.box01,.box02,.box03{  /* 定义 box01、box02、box03 左浮动 */
   float:left;
}
```

保存 HTML 文件，刷新页面，效果如图 5-29 所示。

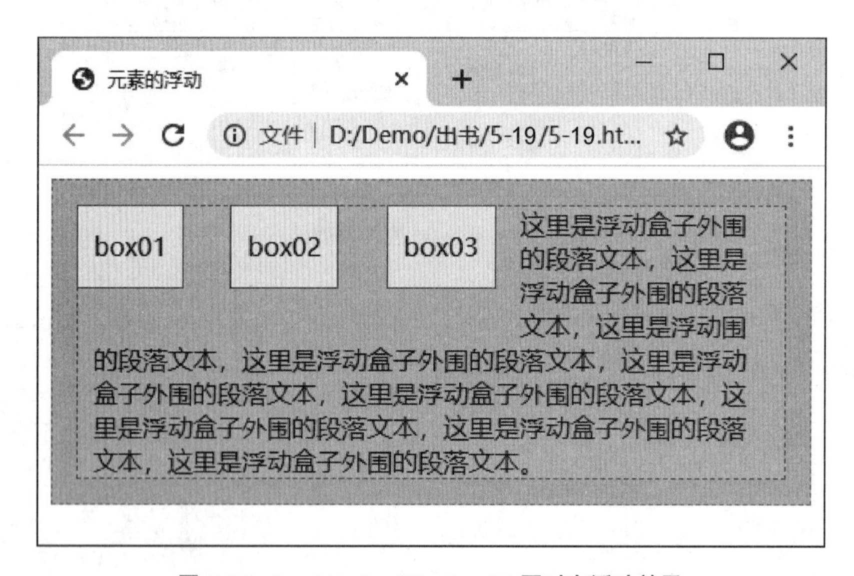

图 5-29　box01、box02、box03 同时左浮动效果

在图 5-29 中，box01、box02、box03 三个盒子排列在同一行，同时，周围的段落文本将环绕盒子，出现了图文混排的网页效果。

需要说明的是，float 的另一个属性值 right 在网页布局时也会经常用到，它与 left 属性值的用法相同但方向相反。应用了“float：right；”样式的元素将向右侧浮动，读者要学会举一反三。

最后，在上述案例的基础上，在第 23 行后，为段落样式 p 添加清除左浮动属性，用于清除段落文本左侧浮动元素的影响。具体 CSS 代码如下：

```
.p{  …
   clear:left;  /* 清除左浮动 */
}
```

保存 HTML 文件，刷新页面，效果如图 5-30 所示。

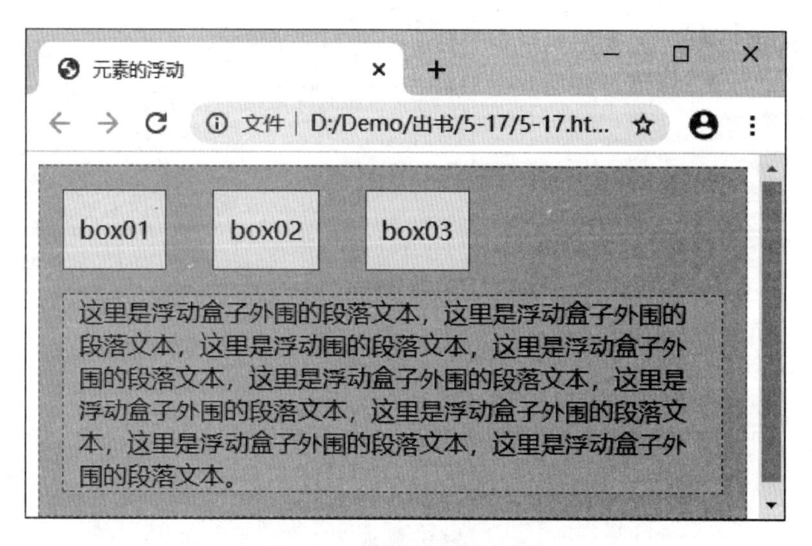

图 5-30　清除浮动后的效果

通过图 5-30 可以看出，清除段落文本左侧的浮动后，段落文本不再受到浮动元素的影响，而是按照元素自身的默认排列方式，独占一行，排列在浮动元素 box01、box02、box03 的下面。

案例 5-20　绝对定位的综合应用。

本案例将介绍通过绝对定位实现按钮在父级元素中正常显示的效果。案例源代码如下：

```
1  <!doctype html>
2  <html>
3  <head>
4     <meta charset="utf-8">
5     <title> 绝对定位的应用 </title>
6  <style type="text/css">
```

```
7  .welcome{
8    width:502 px;
9    height:401 px;
10   margin:10 px auto;
11   background:url(images/bg.jpg)no-repeat;
12   position:relative;
13 }
14 .close{
15   width:16 px;
16   height:16 px;
17   display:block;
18   top:7 px;
19   right:8 px;
20   position:absolute;
21 }
22 .submit{
23   width:64 px;
24   height:24 px;
25   display:block;
26   bottom:8 px;
27   right:8 px;
28   position:absolute;
29 }
30 .bf_bg{
31   width:480 px;
32   height:330 px;
33   position:absolute;
34   top:33 px;
35   left:10 px;
36 }
37 </style>
38 </head>
39 <body>
40   <div class="welcome">
41     <span class="close"><img src="images/close.jpg"/></span>
42     <span class="submit"><img src="images/tijiao.jpg"/></span>
43     <span class="bf_bg"><img src="images/web-bg.jpg"></span>
44   </div>
45 </body>
46 </html>
```

在本例中，为父容器 welcome 放置一个关闭按钮和一个提交按钮，分别将其定位在右上角和右下角，并设置它们的绝对定位。程序运行结果如图 5-31 所示。

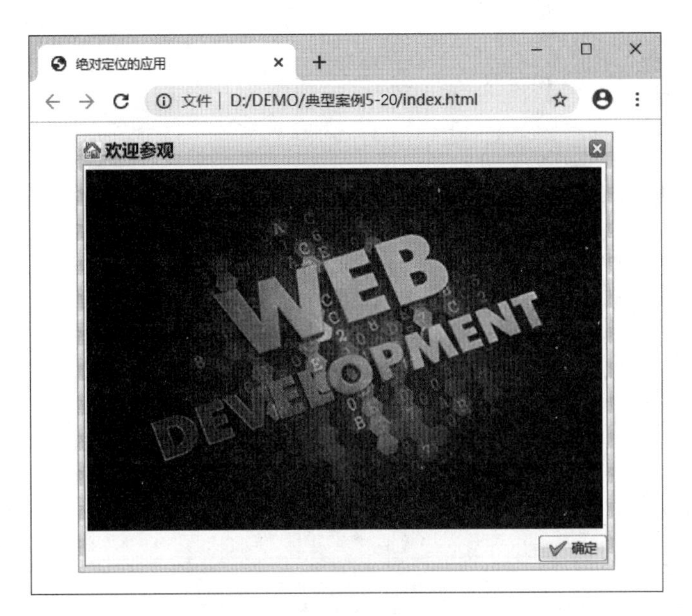

图 5-31　绝对定位的应用效果

案例 5-21　盒子浮动综合应用。

下面向大家介绍通过设置图像浮动和文本样式实现一个图文混排的效果。案例源代码如下：

```
1  <!doctype html>
2  <html>
3  <head>
4    <meta charset="utf-8">
5    <title>图文混排</title>
6  <style type="text/css">
7  *{
8    padding:0;
9    margin:0;
10 }
11 body{
12   background:#ccc;
13   font-size:12 px;
14   color:#3e3e3e;
15 }
16 .box1{
17   width:530 px;
18   height:210 px;
19   border:5 px solid#003399;
20   border-radius:10 px;
21   background:#fff;
22   margin:50 px auto;
23 }
```

```
24 .tu{
25   float:right;  /* 图像盒子右浮动 */
26 }
27 .text{
28   width:180 px;
29   float:left;  /* 文本盒子左浮动 */
30   margin-left:10 px;
31   margin-top:10 px;
32 }
33 p{
34   margin-top:10 px;
35   line-height:20 px;
36 }
37 </style>
38 </head>
39 <body>
40   <div class="box1">
41     <div class="tu"><a href="#"><img src="images/zhihui.jpg"></div>
42     <div class="text">
43         <h3><a href="#">智慧校园</a></h3>
44         <p>智慧校园是指以促进信息技术与教育教学融合、提高学与教的效果为目的，以物联网、
           云计算、大数据分析等新技术为核心技术，提供一种环境全面感知、智慧型、数据化、
           网络化、协作型一体化的教学、科研、管理和生活服务，是一种智慧学习环境。</p>
45     </div>
46   </div>
47 </body>
48 </html>
```

程序运行结果如图 5-32 所示。

图 5-32　盒子浮动综合应用效果

在本例中，为父容器 box1 放置两个盒子，分别放置文字和图片，并设置其左右浮动，形成上述效果。

5.6　DIV+CSS 布局

5.6.1　三列布局

在 DIV+CSS 布局中，将网页版面分割成左侧，中部和右侧三部分的形式，是较常见的布局形式，如图 5-33 所示。

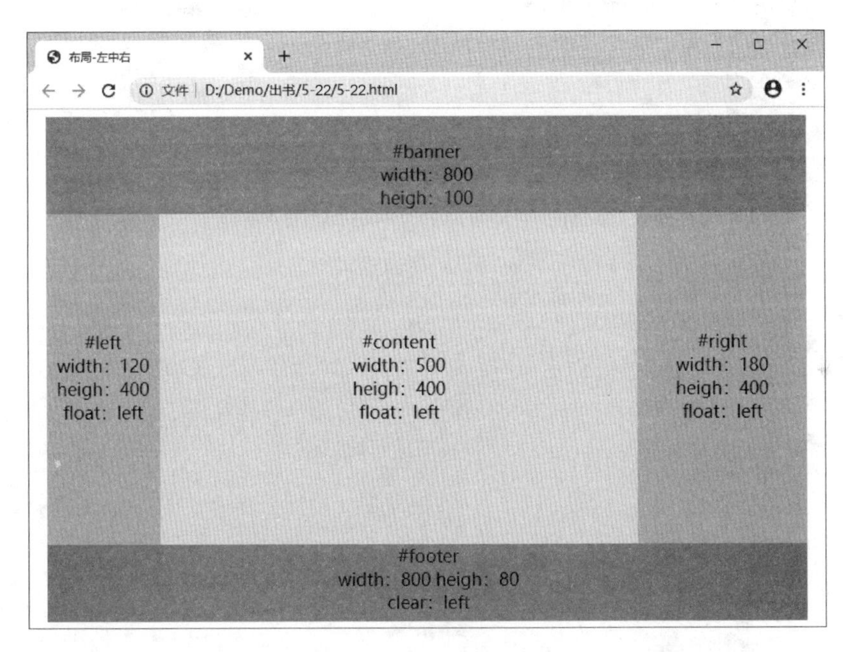

图 5-33　左中右布局形式

例如，左侧部分 <div> 标签的 ID 为 left，中间部分 <div> 标签的 ID 为 content，右侧部分 <div> 标签的 ID 为 right。设置 #left、#content 和 #right 样式的 Float 属性均为 left，保证这 3 个 <div> 标签向左浮动并在一行中。为了保证它们后继的 ID 为 footer 的 <div> 标签，能够回到正常排列状态，需要设置 #footer 样式的 Clear 属性为 left，取消向左浮动，完成此类布局。

案例 5-22　左中右布局。

案例源代码如下：

```
1  <!doctype html>
2  <html>
3  <head>
4    <meta charset="utf-8">
5    <title>布局-左中右</title>
6  <style type="text/css">
7  body{
8    margin-left:0 px;
9    margin-right:0 px;
10   font-size:16 px;
11 }
12 #container{
13   height:500 px;
14   width:800 px;
15   margin-right:auto;
16   margin-left:auto;
17   text-align:center;
18   background-color:#CCC;
19   font-size:18 px;
20 }
21 #banner{
22   height:80 px;
23   width:800 px;
24   background-color:#F9C;
25 }
26 #left{
27   float:left;
28   height:340 px;
29   width:120 px;
30   background-color:#9FF;
31 }
32 #content{
33   float:left;
34   height:340 px;
35   width:500 px;
36   background-color:#FF6;
37 }
38 #right{
39   float:left;
40   height:340 px;
41   width:180 px;
42   background-color:#9FF;
```

```
43 }
44 #footer{
45   clear:left;
46   height:80 px;
47   width:800 px;
48   background-color:#F9F;
49 }
50 </style>
51 </head>
52 <body>
53   <div id="container">
54     <div id="banner">
55       #banner<br>width:800<br>heigh:100
56     </div>
57     <div id="left">
58       <br><br><br><br><br>#left<br>width:120<br>heigh:400<br>
59       float:left
60     </div>
61     <div id="content">
62       <br><br><br><br><br>#content<br>width:500<br>heigh:400<br>float:l
         eft
63     </div>
64     <div id="right">
65       <br><br><br><br><br>#right<br>width:180<br>heigh:400<br>float:left
66     </div>
67     <div id="footer">
68       #footer<br>width:800 heigh:80<br>clear:left
69     </div>
70   </div>
71 </body>
72 </html>
```

5.6.2 两列布局

另一种较为常见的形式是将网页分割成左右两部分，如图 5-33 所示。左侧部分 <div> 标签的 ID 为 link，右侧部分的 <div> 标签的 ID 为 content，设置 #link 和 #content 样式的 Float 属性均为 left，同时设置 #footer 样式的 Clear 属性为 left，完成此类布局，如图 5-34 所示。

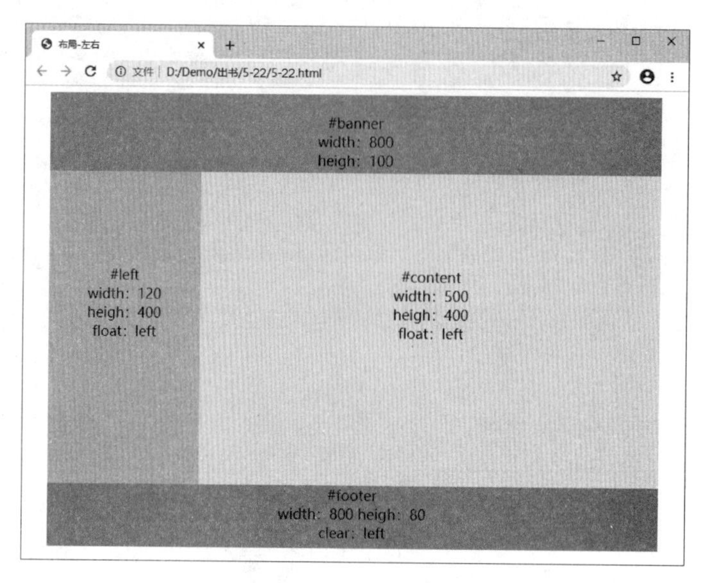

图 5-34　左右布局形式

案例 5-23　左右布局。

案例源代码如下：

```
1  <!doctype html>
2  <html>
3  <head>
4    <meta charset="utf-8">
5    <title>布局-左右</title>
6  <style type="text/css">
7  body{
8    margin-left:0 px;
9    margin-right:0 px;
10   font-size:16 px;
11 }
12 #container{
13   height:500 px;
14   width:800 px;
15   margin-right:auto;
16   margin-left:auto;
17   text-align:center;
18   background-color:#CCC;
19   font-size:18 px;
20 }
21 #banner{
22   height:100 px;
23   width:800 px;
24   background-color:#F9C;
```

```
25 }
26 #link{
27   float:left;
28   height:400 px;
29   width:200 px;
30   background-color:#9FF;
31 }
32 #content{
33   float:left;
34   height:400 px;
35   width:600 px;
36   background-color:#FF6;
37 }
38 #footer{
39   clear:left;
40   height:80 px;
41   width:800 px;
42   background-color:#F9F;
43 }
44 </style>
45 </head>
46 <body>
47   <div id="container">
48     <div id="banner">
49       <br>#banner<br>width:800<br>heigh:100
50     </div>
51     <div id="link">
52       <br><br><br><br><br>#left<br>width:120<br>heigh:400<br>
53       float:left
54     </div>
55     <div id="content">
56       <br><br><br><br><br>#content<br>width:500<br>heigh:400<br>float:left
57     </div>
58     <div id="footer">
59       #footer<br>width:800 heigh:80<br>clear:left
60     </div>
61   </div>
62 </body>
63 </html>
```

在页面代码不做任何变化的情况下，只要调整 CSS 样式，设置 #content 样式的 float 属性为 left，#link 样式的 float 属性为 right，就可以将图 5-33 的形式改变成如图 5-35 所示的形式，即左右部分互换位置，如图 5-35 所示。这也充分展现了 CSS 布局的灵活性。

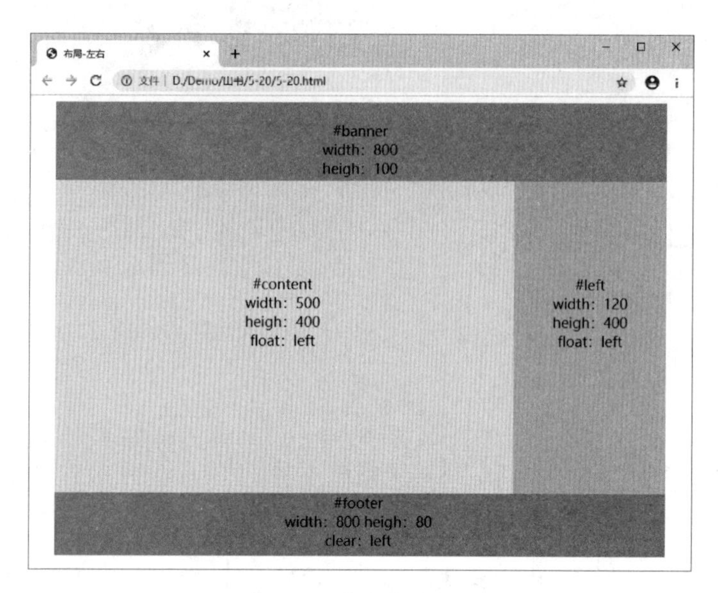

图 5-35　右左布局形式

案例 5-24　盒子布局综合应用。

下面通过案例介绍利用盒子模型进行简单网页布局的方法，案例源代码如下：

```
1  <!doctype html>
2  <html>
3  <head>
4    <meta charset="utf-8">
5    <title>×× 网络安全</title>
6  <style type="text/css">
7  body{
8    background-image:url(images/bg.jpg);
9    background-repeat:no-repeat;
10   background-size:cover;
11 }
12 #container{
13   height:1 000 px;
14   width:1 000 px;
15   margin-right:auto;
16   margin-left:auto;
17 }
18 #header{
19   background-color:#14AD7C;
20   height:50 px;
21 }
22 #banner{
23   background-image:url(images/1.jpg);
24   text-align:center;
```

```
25   padding-top:120 px;
26   padding-bottom:120 px;
27   font-size:14 px;
28 }
29 .text{
30   height:500 px;
31   background-color:#CCC;
32   opcity:0.8;
33 }
34 #footer{
35   height:80 px;
36   background-color:#2BB07E;
37   padding-top:20 px;
38   text-align:center;
39   font-size:14 px;
40   clear:left;  /* 清除左浮动影响 */
41 }
42 .logo{
43   font-weight:bold;
44   color:#ffffff;
45   letter-spacing:4 px;
46   margin:15 px 0 px 0 px 25 px;
47   width:22%;
48   float:left;
49   font-family: 黑体 ;
50 }
51 h2{
52   margin:0;
53   text-align:center;
54 }
55 .text_column{
56   width:26%;
57   height:400 px;
58   font-weight:400;
59   line-height:25 px;
60   float:left;  /* 文字区域左浮动 */
61   padding:0 px 20 px 0 px 20 px;
62   margin:20 px 15 px 20 px 15 px;
63   color:#A3A3A3;
64   font-family:" 幼圆 ";
65   font-style:normal;
66   font-size:14 px;
67   text-align:justify;
68   color:#a94442;
```

```
69   background-color:rgba(255,204,102,0.5);
70   border-radius:9 px;
71   border-color:#ebccd1;
72 }
73 </style>
74 </head>
75 <body>
76   <div id="container">  /* 外围容器 */
77     <div id="header">  /*header 头部盒子 */
78       <h4 class="logo">×× 在线 Web 课程平台 </h4>
79     </div>
80     <div id="banner">  /*banner 大图 */
81       <h2>THE DESIGN VIEW</h2>
82       <p>Lorem ipsum dolor sit ametLorem ipsum dolor sit amet</p>
83     </div>
84     <div id="text">  /*text 文本容器 */
85       <div class="text_column">  /*text_column 下部文字区域 1*/
86         <h2><br> 响应式开发与常用框架 </h2>
87         <p >    本课程属于进阶段位，主要关卡覆盖以下三个阶
           段。<br>
88             第一关，适配。<br>
89             第二关，搭建。本关卡将通过对 Bootstrap 框架的讲解，
           从原生编写迅速过渡到使用 Bootstrap 快速搭建网页结构；<br>
90             第三关，高效。本关卡将主攻 CSS 的预处理语言 "Less",
           因为 Less 将大幅减少编写原生 CSS 代码的工作量。而且对于前端工程师来说，代码
           更容易管理，开发效率倍增。</p>
91       </div>
92       <div class="text_column">  /*text_column 下部文字区域 2*/
93         <h2><br>H5&amp;JS 进阶与组件化开发 </h2>
94         <p>    本课程作为 HTML 5、JavaScript、jQuery 基础知
           识的进阶路径，本路径覆盖了 SVG、Canvas 绘图技术、JavaScript 变量、面向对
           象、DOM 的属性和操作、事件、正则表达式、以及组件化开发等升级知识点，只有掌
           握以上知识点，你才具备面试前端工程师的资格。<br>
95             本课程案例丰富。作为功能性网页的必备选择，Canvas 手
           势解锁、表单的高级验证等功能案例一应俱全。</p>
96       </div>
97       <div class="text_column">  /*text_column 下部文字区域 3*/
98         <h2><br>H5&amp;CSS3 进阶与常用框架 </h2>
99         <p>    随着市场需求的不断变化，前端人才需求量每年都在激
           增，不得不承认的是前端开发前景无可限量！本课程作为前端设计的进阶课程，首先，
           熟用基础技能。通过对 HTML 5 存储、SVG、Canvas 绘图技术与插件应用、CSS3 个
           性化自定义文本与字体、用户界面等多个知识点的学习，最终成功实现绘制汉克狗形
           象案例；其次，技能点再升级。</p>
```

```
100        </div>
101      </div>
102      <div id=footer>  /*footer 页脚版权信息 */
103        地址：北京市朝阳区 ×××× 甲 2 号邮编 :100029<br>
104        北京 ×× 官方微博 http://weibo.com/u/2010168052<br>
105        北京 ×× 科技有限公司版权所有 |Copyright © 2013 Beijing Institute of
           Fashion Technology</div>
106      </div>
107    </body>
108    </html>
```

程序运行结果如图 5-36 所示。

图 5-36　盒子布局综合应用效果

 5.7　弹性盒子布局

HTML 5 提供了一种新的弹性盒子布局方式，能够方便、灵活地实现响应式页面布局。与以前布局方式相比，该布局方式可以根据浏览器窗口的大小，自动调整页面布局外观，可以适应桌面和移动终端的使用，是未来页面设计和 Web 应用的首选布局方案。

5.7.1　弹性盒子概念

弹性盒子是实现“弹性布局”的基础，弹性盒子模型如 5-37 所示。弹性盒子是具有弹性布局属性的元素，也可称为“弹性容器”，所有嵌入到“弹性容器”内的元素称为容器成员，简称“项目”。

“弹性容器”默认存在两根轴：主轴 main axis 和交叉轴 cross axis。主轴默认为水平方向，项目默认沿主轴排列，主轴方向也可以在相关属性中专门设置。单个项目占据的主轴空间称为 main size，占据的交叉轴空间称为 cross size。

弹性容器是通过设置 display 属性值为 flex 或 inline-flex 实现的。当设置为弹性布局以后，<div> 标签的 float、clear 和 vertical-align 属性将失效。

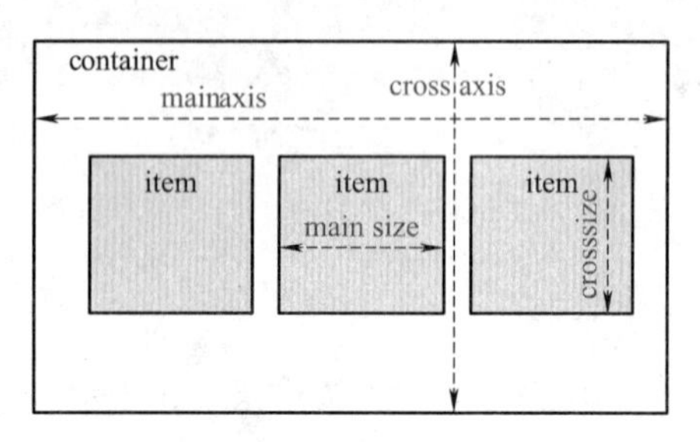

图 5-37　弹性盒子模型

5.7.2　弹性容器属性

弹性容器可以通过 flex-direction、flex-wrap、justify-content、align-item 等属性，设置项目的排列方式。

1. 设置弹性盒子容器

设置容器 display 属性为 flex，则定义了弹性盒子或弹性布局方式。

例如，在网页中插入 ID 标识为 container 的容器，在容器中插入 4 个项目 item，并在项目中分别输入 1、2、3、4。

案例 5-25　设置弹性盒子容器。

案例源代码如下：

```
1  <!doctype html>
2  <html>
3  <head>
4    <meta charset="utf-8">
5    <title>容器</title>
6  <style>
7  #container{
8    width:80%;
9    margin:0 px auto;
10   border:solid 1 px#000;
11 }
12 .item{
13   width:200 px;
```

```
14    height:200 px;
15    background-color:antiquewhite;
16    border:solid 1 px#000;
17    margin:10 px;
18    font-size:50 px;
19    text-align:center;
20    line-height:200 px
21 }
22 </style>
23 </head>
24 <body>
25 <div id="container">
26 <div class="item">1</div>
27 <div class="item">2</div>
28 <div class="item">3</div>
29 <div class="item">4</div>
30 >
31 </body>
32 </html>
```

程序运行结果如图 5-38 所示。

在 container 样式中添加属性 display，设置其值为 flex，则容器具备弹性特征。程序运行后，页面效果如图 5-39 所示。

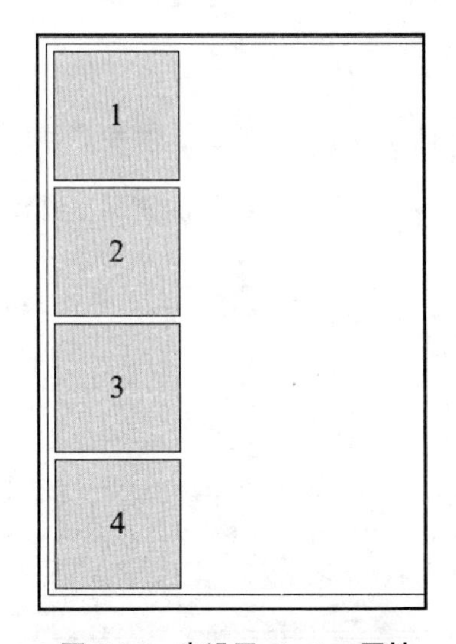

图 5-38　未设置 display 属性

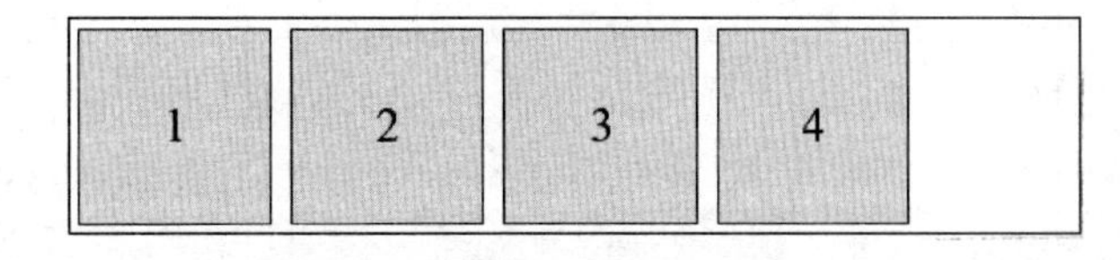

图 5-39　设置 display 属性后

2. flex-direction 属性

flex-direction 属性指定项目在容器中的排列方向。语法格式如下：

```
flex-direction:row | row-reverse | column | column-reverse
```

各属性值的含义如下：

（1）row（默认值）：主轴为水平方向，起点在左端。

（2）row-reverse：主轴为水平方向，起点在右端。

（3）column：主轴为垂直方向，起点在上沿。

（4）column-reverse：主轴为垂直方向，起点在下沿。

在 container 样式中添加属性 flex-direction，设置其值为 row 或缺省时，代码运行后，页面效果如图 5-40 所示；设置其值为 row-reverse 时，页面效果如图 5-41 所示的效果。

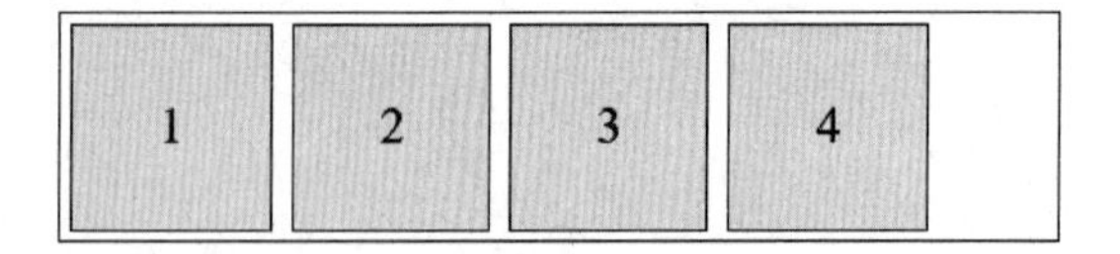

图 5-40　值设置为 row 或缺省

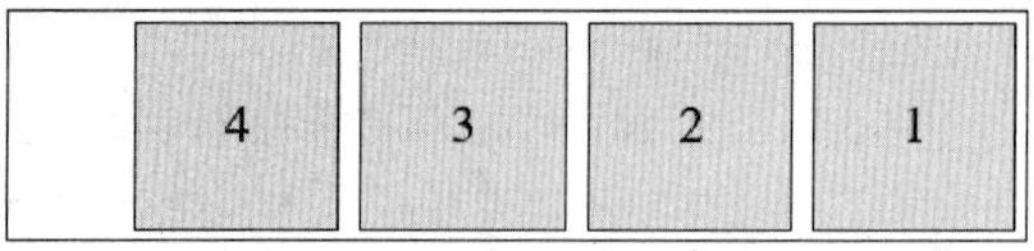

图 5-41　值设置为 row-reverse

3. flex-wrap 属性

flex-wrap 属性定义项目的换行方式。语法格式如下：

```
flex-wrap:nowrap | wrap | wrap-reverse
```

各属性值的含义如下：

（1）nowrap（默认）：不换行。

（2）wrap：换行，第一行在上方。

（3）wrap-reverse：换行，第一行在下方。

在 container 样式中，添加属性 flex-wrap，设置其属性值为 wrap，程序运行后，调整浏览器窗口宽度，页面效果如图 5-42 所示；设置其属性值为 wrap-reverse 并调整浏览器窗口宽度时，页面效果如图 5-43 所示。

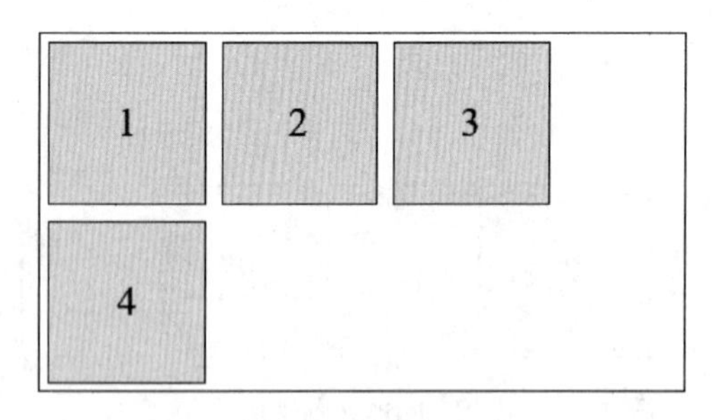

图 5-42　值设为 wrap

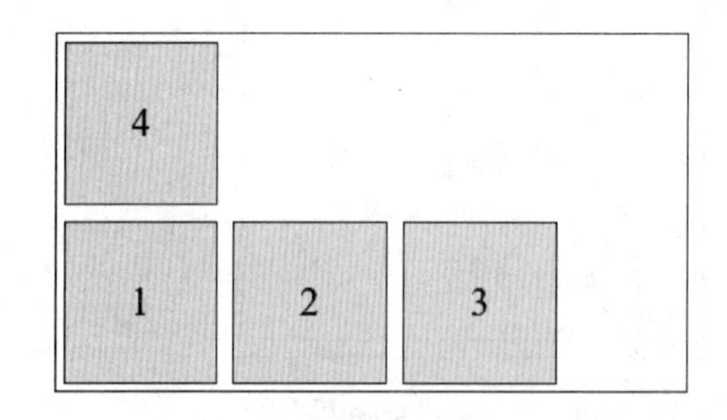

图 5-43　值设为 wrap-reverse

4. justify-content 属性

justify-content 属性定义了主轴上项目的对齐方式。语法格式如下：

```
justify-content:flex-start | flex-end | center | space-between | space-around
```

各属性值的含义如下：

（1）flex-start（默认值）：左对齐。

（2）flex-end：右对齐。

（3）center：居中。

（4）space-between：两端对齐，项目之间的间隔都相等，项目与边框之间的距离为 0。

（5）space-around：每个项目两侧的间隔相等，因此项目之间的间隔总是比项目与边框的间隔大一倍。

在 container 样式中，添加属性 justify-content，设置其属性值为 space-between，调整浏览器窗口宽度时，页面效果如图 5-44 所示，设置其属性值为 space-around，调整浏览器窗口宽度时，页面效果如图 5-45 所示。

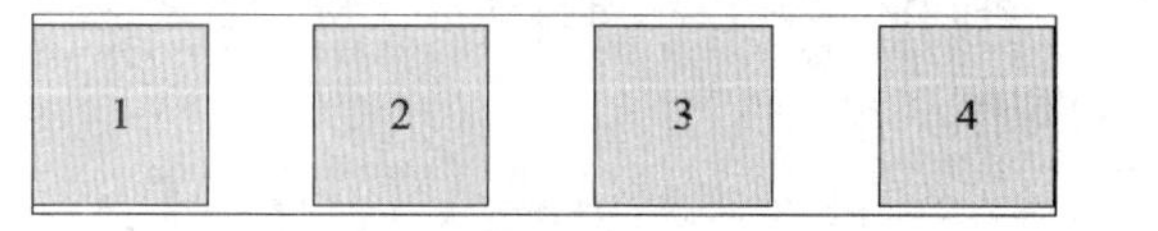

图 5-44　值设置为 space-between

图 5-45　值设置为 space-around

5. align-items 属性

align-items 属性定义项目在交叉轴上如何对齐。语法格式如下：

```
align-items:flex-start | flex-end | center | baseline | stretch
```

各属性值的含义如下：

（1）flex-start：交叉轴起点对齐。

（2）flex-end：交叉轴终点对齐。

（3）center：交叉轴的中点对齐。

（4）baseline：项目第一行文字的基线对齐。

（5）stretch（默认值）：如果项目未设置高度或设为 auto，将占满整个容器的高度。

将容器内项目设置为两种不同高度，项目分别为 item1 和 item2，隔行放置。页面代码变为：

```
1  <body>
2    <div id="container">
3    <div class="item1">1</div>
4    <div class="item2">2</div>
5    <div class="item1">3</div>
```

```
6       <div class="item2">4</div>
7       </div>
8    </body>
```

在 container 样式中，添加属性 align-items，设置其属性值设为 flex-start 时，页面效果如图 5-46 所示。设置其属性值设为 flex-end 时，页面效果如图 5-47 所示。

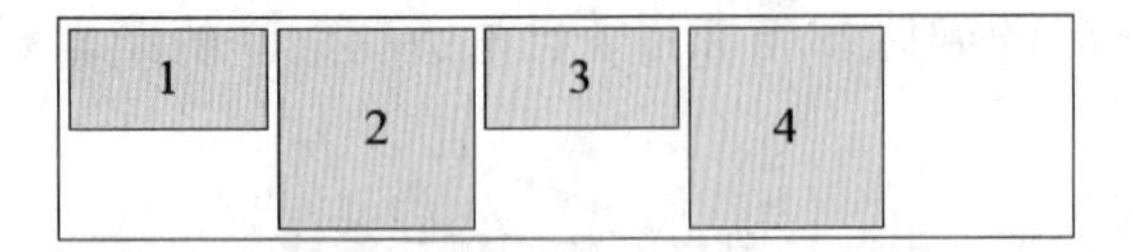

图 5-46　值设置为 flex-start

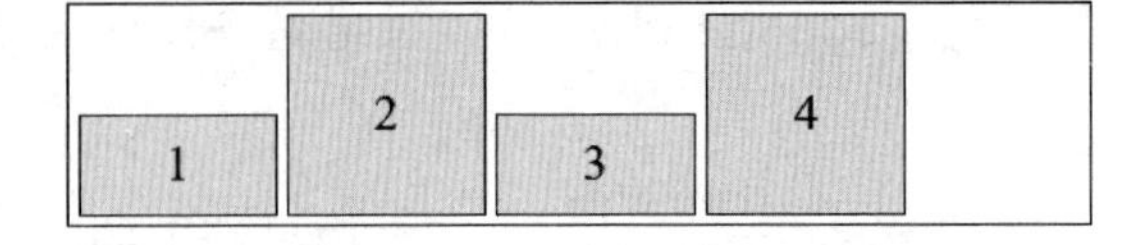

图 5-47　值设置为 flex-end

5.7.3　弹性容器项目属性

弹性盒子中的项目可以通过 flex-grow 和 flex-shrink 属性控制自身缩放比例，以适应弹性盒子的大小变化，最终适应浏览器窗口大小的变化。

在页面中插入 ID 标识为 container 的 <div> 标签，并在其中间隔插入大小不同的项目标签，其类样式分别为 itme1 和 itme2，并在这些项目中分别输入 1、2、3、4、5，设置 container 样式的 display 属性为 flex。

案例 5-26　弹性容器项目属性应用。

案例源代码如下：

```
1    <!doctype html>
2    <html>
3    <head>
4       <meta charset="utf-8">
5       <title>flex-grow</title>
6    <style>
7    #container{
8       width:80%;
9       margin:0 px auto;
10      display:flex;
11      border:solid 1 px#000;
12   }
13   .item1{
14      height:200 px;
15      background-color:antiquewhite;
16      border:solid 1 px#000;
```

```
17   margin:10 px;
18   font-size:50 px;
19   text-align:center;
20   line-height:200 px
21 }
22 .item2{
23   height:200 px;
24   background-color:antiquewhite;
25   border:solid 1 px#000;
26   margin:10 px 0 px;
27   font-size:50 px;
28   text-align:center;
29   line-height:200 px
30 }
31 </style>
32 </head>
33 <body>
34 <div id="container">
35   <div class="item1">1</div>
36   <div class="item2">2</div>
37   <div class="item1">3</div>
38   <div class="item2">4</div>
39   <div class="item1">5</div>
40 </div>
41 </body>
42 </html>
```

程序运行结果如图 5-48 所示。

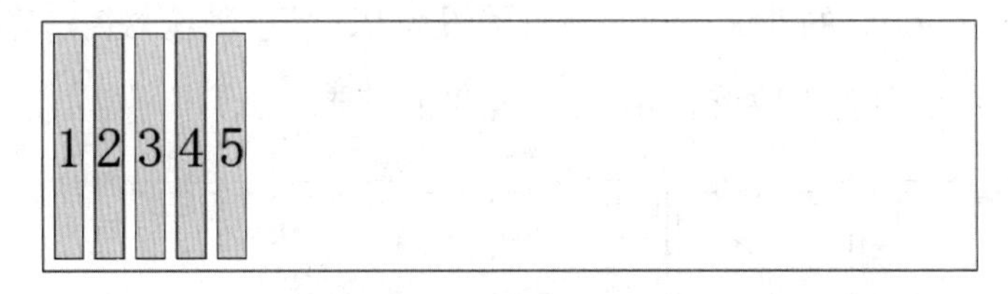

图 5-48　项目未设置宽度效果

1. flex-grow 属性

flex-grow 属性定义项目的放大比例。语法格式如下：

```
flex-grow: [0] | [1] | [2]
```

各属性值的含义如下：

默认属性值为 0，如果存在剩余空间，项目不放大。如果所有项目的 flex-grow 属性都为 1，则它们将等分剩余空间。如果一个项目的 flex-grow 属性为 2，其他项目都为 1，则前者占据的剩余空间将比其他项多一倍。

在 item1 和 item2 样式中，添加 flex-grow 属性，设置其属性值均为 1，调整浏览器窗口宽度时，容器被充满，每个项目宽度始终相等，如图 5-49 所示。将 item1 样式的 flex-grow 属性值设为 1，将 item2 样式的 flex-grow 属性值设为 2，调整浏览器窗口宽度时，item2 的宽度是 item1 宽度的 2 倍，如图 5-50 所示。

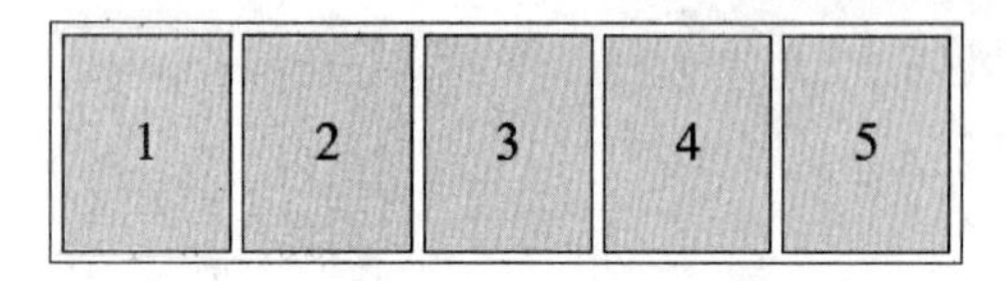

图 5-49　设置 flex-grow 属性均为 1

图 5-50　设置 flex-grow 属性分别为 1 和 2

2. flex-shrink 属性

flex-shrink 属性定义了项目的缩小比例。语法格式如下：

```
flex-shrink: [0] | [1]
```

各属性值的含义如下：

默认属性值为 1，如果容器中所有项目的 flex-shrink 属性都为 1，当容器空间不足时，都将等比例缩小。如果一个项目的 flex-shrink 属性为 0，其他项目都为 1，则空间不足时，前者不缩小。

在 item1 和 item2 样式中添加 width 属性，设置其属性值均为 200 px，预览后页面效果如图 5-51 所示。再添加 flex-shrink 属性，设置其属性值均为 1，缩小浏览器窗口宽度，页面效果如图 5-52 所示，每个项目宽度收缩比例相同。如果将项目 item1 的 flex-shrink 属性值设为 1，将项目 item2 的 flex-shrink 属性值设为 0，缩小浏览器窗口宽度时，页面效果如图 5-53 所示，item1 的宽度收缩，item2 的宽度的不变。

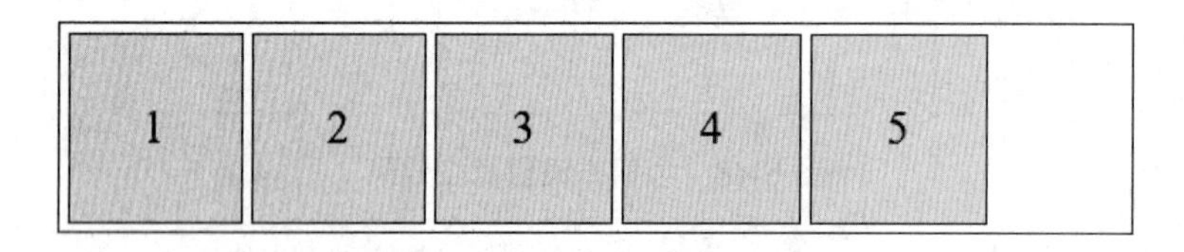

图 5-51　添加 width 属性值为 200 px

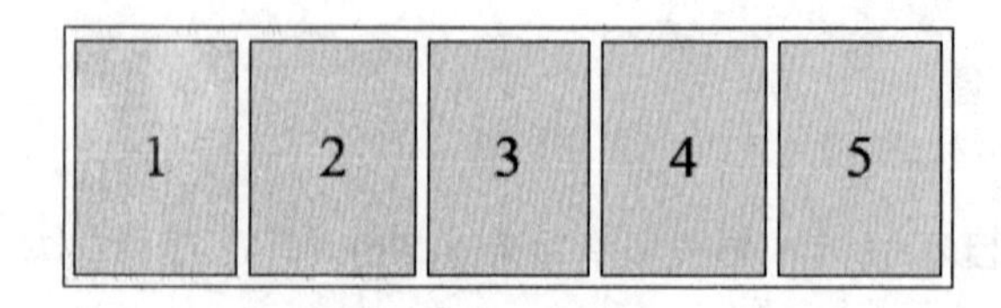

图 5-52　设置 flex-shrink 属性值均为 1

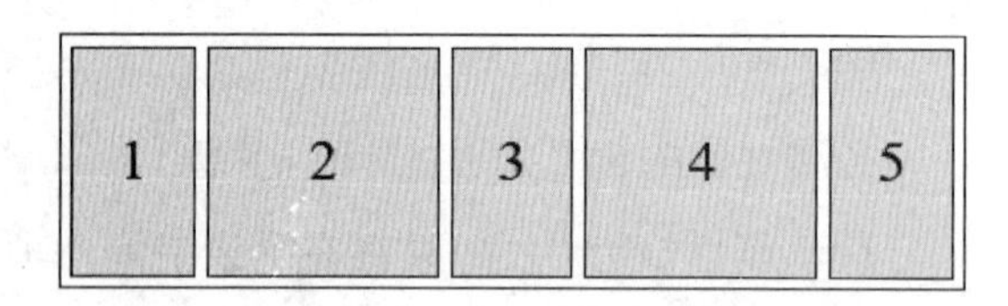

图 5-53　设置 flex-shrink 属性值分别为 1 和 0

案例 5-27　弹性盒子综合应用。

下面通过案例介绍通过绝对定位实现按钮在父级元素中正常显示的效果。案例源代码如下：

```
1  <!doctype html>
2  <html>
3  <head>
4    <meta charset="utf-8">
5    <title>××服饰</title>
6  <style>
7  *{margin:0 px;
8    padding:0 px}  /*页面基本属性*/
9  body{
10   font-family:"微软雅黑";
11   color:#333333;
12   font-size:13 px;
13 }
14 /*最外层容器标签属性*/
15 #container{
16   width:90%;
17   margin-left:auto;
18   margin-right:auto;
19   border:1 px solid#999;
20 }
21 #banner{  /*banner图像标签外观*/
22   width:100%;
23   height:auto;
24 }
25 #mainbox{
26   width:100%;
27   margin:0 px auto;
28   display:flex;  /*容弹性盒子应用*/
29   Flex-wrap:wrap;
30   justify-content:space-around;
31 }
32 .mainbox-1{  /*容器内项目标签外观*/
33   width:250 px;
34   margin:10 px;
35   padding:5 px;
36   border:1 px solid#999;
37 }
38 #footer{  /*页脚标签外观*/
39   text-align:center;
40   background-color:#333333;
```

```
41   width:100%;
42   height:80 px;
43   color:#ffffff;
44 }
45 img{width:100%}
46 </style>
47 </head>
48 <body>
49   <div id=container>
50     <div id="banner"><img src="images/banner1.png" alt=""></div>
51     <div id="mainbox">
52         <div class="mainbox-1">
53           <img src="images/f1.jpg" alt=""/>
54         </div>
55         <div class="mainbox-1">
56           <img src="images/f2.jpg" alt=""/>
57         </div>
58         <div class="mainbox-1">
59           <img src="images/f3.jpg" alt=""/>
60         </div>
61         <div class="mainbox-1">
62           <img src="images/f4.jpg" alt=""/>
63         </div>
64         <div class="mainbox-1">
65           <img src="images/f5.jpg" alt=""/>
66         </div>
67         <div class="mainbox-1">
68           <img src="images/f6.jpg" alt=""/>
69         </div>
70         <div class="mainbox-1">
71           <img src="images/f7.jpg" alt=""/>
72         </div>
73         <div class="mainbox-1">
74           <img src="images/f8.jpg" alt=""/>
75       </div>
76     </div>
77     <div id="footer">
78       <br>
79       地址：××服装设计（上海）有限公司版权所有 ××服装设计有限公司<br>
80       电话：021-680808××<br>备案号：沪ICP备17051198号-1
81     </div>
82   </div>
83 </body>
84 </html>
```

程序运行结果如图 5-54 所示。

图 5-54　弹性盒子综合应用效果

在本例中，将网页在浏览器中打开，看到基本布局效果，适当调整浏览器宽度，可以看到中间 8 个盒子排列方式随浏览器宽度变化而有序变化。

小　结

本章介绍了盒子模型的概念，盒子模型的基本属性以及盒子模型的布局方法。通过本章的学习，可理解网页设计中盒子对象的概念，并对其外观和位置进行精确控制，灵活实现网页中多种布局方法。

习　题

一、判断题

1. 盒子与盒子之间的距离可以通过 margin 属性进行控制。（　　）
2. 通过把 clear 属性添加到浮动元素的样式中来清除浮动。（　　）
3. 为盒子设置背景图像与在盒子中插入图像元素能够达到相同的显示效果。（　　）
4. 在静态定位状态下，无法通过边偏移属性来改变元素的位置。（　　）

5. 当容器设置为弹性布局后，其 float、clear 和 vertical-align 属性将失效。（　　）

二、选择题

1. CSS 盒子模型中表示盒子边框的属性为（　　），表示盒宽度的属性为（　　）。

   A. border width　　B. border height　　C. height width　　D. width height

2. 在 CSS 语言中下列（　　）是“左边框”的语法。

   A. border-left-width: ＜值＞　　B. left-border: ＜值＞

   C. border-left: ＜值＞　　D. left-border-width: ＜值＞

3. 在 CSS 中，属性 padding 是指（　　）。

   A. 外边距　　B. 内边距　　C. 外边框　　D. 内边框

4. 下面的选项中，（　　）不属于 border-style 属性的取值。

   A. solid　　B. dashed　　C. dotted　　D. lined

5. 在 HTML 中，下列 CSS 属性中不属于盒子外观属性的是（　　）。

   A. border　　B. padding　　C. float　　D. margin

三、操作题

按照如图 5-55 所示布局图尺寸，完成如图 5-56 所示的网页。

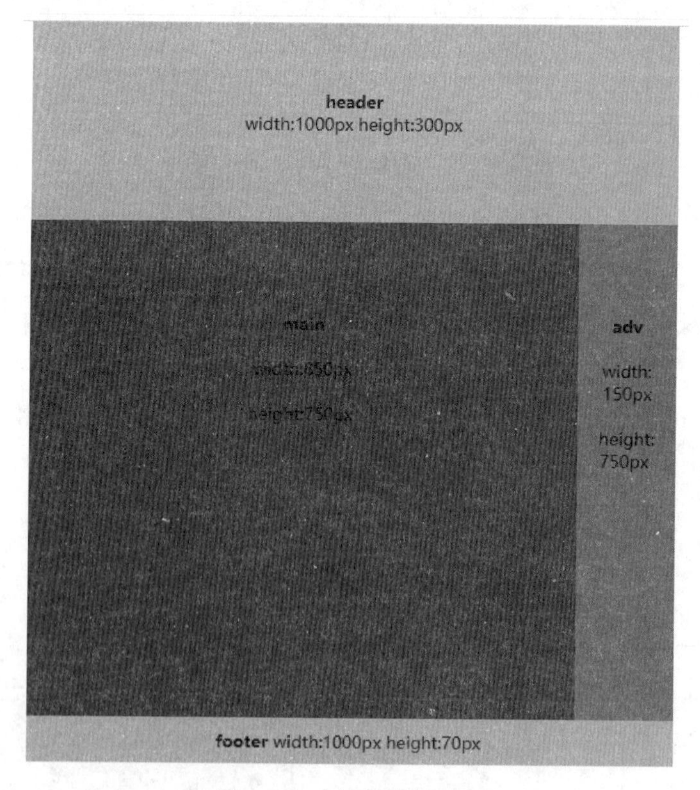

图 5-55　布局结构和尺寸

图 5-56　要完成的网页效果

操作提示：

（1）页面主要布局尺寸如图 5-55 所示。

（2）header 部分插入 banner 大图。

（3）main 部分继续嵌套上中下 3 个盒子用以放置问题 1、问题 2、问题 3 中的文字。利用下框线实现内容分割。

（4）adv 部分插入文字和广告链接图像，为该部分添加框线。

（5）footer 部分插入版权信息。

第6章 综合案例

通过前面章节的学习，我们掌握了静态网页制作的基本知识，但如果要整体设计一个网站，还需要把以前学习的内容综合运用。本章就设计制作一个综合案例，包括网站规划、网页效果图设计、切图、网页首页和子页面的制作等知识。

6.1 网站规划

网站整体设计前，需要对网站进行规划，包括确定网站主题、策划网站的结构、收集相关素材等。

6.1.1 确定网站主题

网站的主题就是网站的题材和所要表达的中心思想，在做网站之前就要确定好网站的主题。网站的主题可以很大众，也可以抓住某一块小众市场，前提是不能违反互联网法律法规，网站主题定位要小，内容要精。不要试图制作一个包罗万象的站点，这往往会失去网站的特色，也会带来高强度的工作量，给网站的及时更新带来困难。

1. 网站定位

企业类网站的设计要符合企业的文化，要从企业的业务领域特点和消费群体进行定位。本章的综合案例是设计一个服装设计企业的网站，目的是让网站成为企业的网络名片，展示企业信息，和访问者在网站上互动交流。

2. 网站风格

本章的综合案例网站采用扁平化设计风格，界面简洁，各网站模块布局合理，由于是企业类网站，所以一些网站模块是必需的，如LOGO、导航栏、banner、公司介绍、新闻列表、产品展示、底部版权信息等，这些模块通过不同的色调、布局进行区分。设计上尽量让访问者一目了然，体现了网站的易用性。

3. 网站配色

网站采用的颜色不用太多，本网站采用了两种主色调：酒红色 #a62020 和深灰色 4d4646。酒红色代表高贵、经典和优雅，和深灰色搭配，使整个网站不失时尚、典雅。

6.1.2 规划网站结构

网站结构的规划包括策划网站各页面的内容及层次关系，要提炼网站的基本内容，把重要的内容做成页面。本章综合案例是一个企业网站，包括首页和 2 个子页面，分别是新品发布页面，各页面通过导航栏中的超链接互相访问。

网站结构规划完成后，可以用笔纸或 Axure、Balsamiq Mockups 等原型工具软件绘制出网站各网页的原型图，有助于网页中各模块的布局。

6.1.3 准备网站素材

完成了网站结构的规划，接下来需要准备网站素材，一般来说，网站素材主要包括文字、图片、视频、音频、动画等，素材可以自己设计，也可以从互联网上搜集相关素材后进行二次加工，但要有版权意识，不能侵权。

1. 文字素材

文字素材可以根据自己网站的定位撰写，也可以从网络等渠道搜集公开资料并进行加工，准备好的文字素材可以先用文本文件保存，以便在设计网页时使用。要根据网站各页面的需求准备相应的文字素材，页面中的文字不能太多，不然会让访问者觉得枯燥乏味。

2. 图片素材

图片素材可以用图像处理软件（如 Photoshop、Illustrator 等）自己设计，也可以在互联网中搜寻公开的图片进行再创作。搜集到的图片素材可以存放在文件夹中，给每个图片合理命名，比如做背景的图片可以命名为 bg.jpg 等，避免文件名太乱影响工作效率。

图片的尺寸也要根据设计需要来调整，比如网页中需要一张宽 400 像素、高 300 像素的图片，那么尽量将图片素材用图像处理软件调整成该尺寸后再插入网页中，避免把一张很大尺寸的图片不经过尺寸调整直接作为小图插入网页中，因为图片尺寸越大，那么该图片存储时所占用的空间越大，意味着打开网页需要传输的数据越多，会影响网页打开的速度。

图片有很多种格式，每种格式有各自的特点，要根据需要来选择相应格式，比如经常作为 logo 的图片要求背景透明，这时要选择图片文件扩展名为 .gif 或 .png 格式的图片，而一般的图片选择 .jpg 或 .png 都可以。

3. 多媒体素材

网页中的多媒体素材一般是指视频、音频、动画等，可以原创设计，比如拍摄视频后使用会声会影等视频软件进行处理，或者录制音频后使用 Audition 等音频处理软件进行编辑，也可以从互联网上搜集公开的音视频资料，然后进行再次编辑创作，比如使用格式工厂等软件进行视频格式转换或视频裁剪或使用一些音频软件进行音频提取、裁剪等操作，以获得满足自己要求的音视频素材。一般来说，网页中的音视频文件不宜太大，不然会影响网页加载速度。网页中动画素材可以通过 Flash 等软件设计创作或从互联网下载公开素材，动画文件的扩展名为 .swf。当然，也可以利用 CSS 中的 Animation 动画属性制作所需的动画效果。

6.2 设计网页效果图

在经过前面网站规划和素材准备工作后，为了让最终制作的网页更美观，一般要先设计网页效果图。网页效果图设计是网站项目开发中非常重要的一环。通过效果图，可以把自己想展示的内容以图像的方式表现出来，因此效果图设计阶段是网站开发中很重要的阶段，往往要占据网站开发时间的三分之一以上。实际网站开发中，设计师根据前期掌握的客户需求使用 Photoshop、Illustrator 等图像处理软件制作出网页效果图，即网页最终的呈现效果，然后和客户进行沟通交流，反复修改，最终确定展示效果。网站前台人员以效果图为模型，使用 Adobe Dreamweaver、Sublime Text 等网页制作软件搭建成真正的网站。

本章的综合案例设计了首页、新品发布页、新闻列表页等 3 个页面，效果图如图 6-1~图 6-3 所示。

服 装 设 计
fashion design
中文版 | 英文版 | 在线客服
首 页
公司介绍
新品发布
新闻动态
合作加盟
私人定制
联系我们
FASHION
引领时尚潮流
公司简介
MORE+
FD服装设计公司是具有三十多年发展历史的服装行业老字号企业，经过三十多年特别是本世纪近十年的快速发展，企业规模、效益连续翻番。公司目前拥有500多名员工和600多台套技术装备，年产能200多万件各类服装，100多家专卖店和连锁店，是一个集研发设计、生产制造、品牌营销、国际贸易、技术服务为一体的大型时装骨干企业。公司注重服装品质，依托先进的服装设计理念，为很多高端活动提供了设计和制作服务，在国内外都具有良好的口碑，已经成为服装行业的引领者。
新闻动态
MORE+
2020年中国纺织服装行业面临新挑战
时尚国际精英超模大赛中国总决赛圆满成功
公司组团参加2019阿布扎比防务展
公司举办信息安全及贸易风险管控专项培训会
柔性传感技术助力内衣产业开启智能时代
2020第十届中国国际毛衫文化节即将举办
联系我们
MORE+
地址：和平区大桥北路××大厦A座12层1205
邮编：100000
联系电话：010-23230×××
电子邮箱：fd@fd.com
新品发布
MORE+
新品1
新品2
新品3
新品4
新品3
新品4
版权所有©FD服装设计有限公司

图 6-1　首页

新品女装 Woman Fashion

新品男装 Man Fashion

图 6-2　新品发布页

图 6-3 新闻列表页

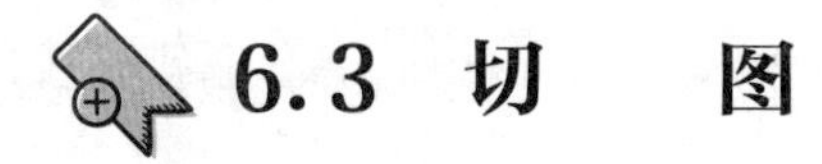

6.3 切 图

切图是指将网页中不能用编码实现的内容剪切下来并保存成图片文件，在设计时插入网页或作为图片背景使用。网页切图的原则是：能用 CSS 实现的效果尽量不切图，采用编码实现，因为图片会让网页在浏览器中的加载速度变慢。另外，只要能实现网页效果，尽量切出最小的图来实现，例如，一个渐变背景效果，通常不用切出整个背景图，只需要切取其中 1 像素宽度的图片，然后采用 CSS 中的背景平铺来实现整个背景效果。

常用的切图工具有 Adobe Photoshop 和 Adobe Fireworks 等，下面以 Adobe Photoshop CC 为例介绍网页的切图操作。

1. 设置参考线

启动 Adobe Photoshop CC，打开需要切图的首页效果图，选择“视图”→“标尺”命令（见图 6-4），将在编辑窗口的左侧和上方显示出标尺。

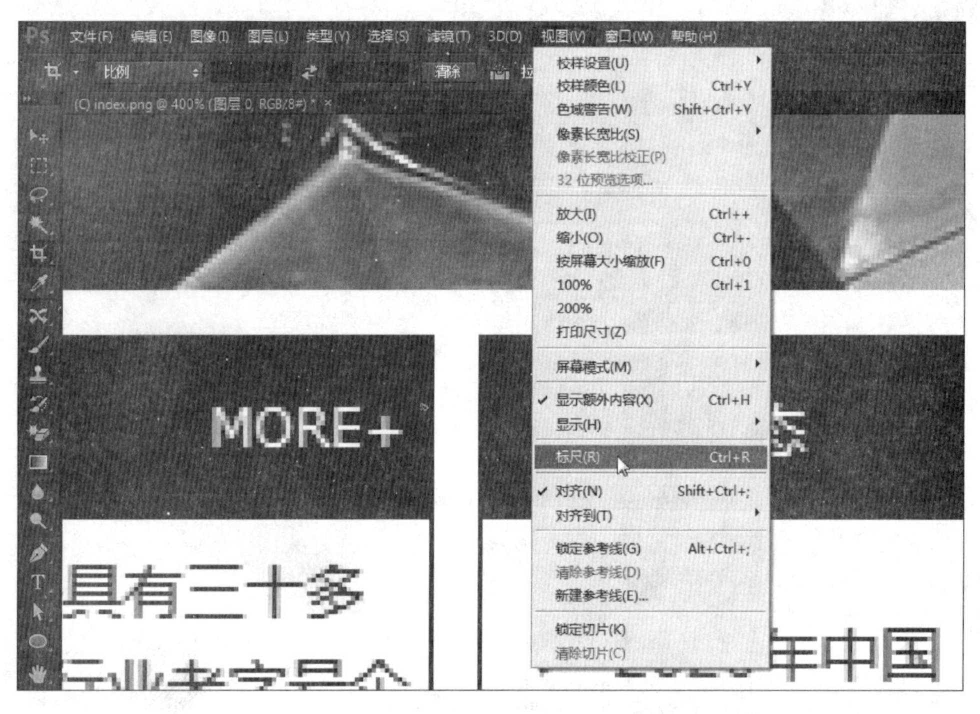

图 6-4　显示标尺

然后选择移动工具，分别在左侧和上侧的标尺处按住鼠标左键并拖动，拉出水平和垂直的参考线，把需要切图的部分框起来，如图 6-5 所示。为了选择准确，可以将图片放大。

2. 绘制切片

在工具箱中选择切片工具（见图 6-6），并使用切片工具在切图区域划出切片，如图 6-7 所示。

3. 导出切片

选择“文件”→“存储为 Web 所用格式”命令，如图 6-8 所示。

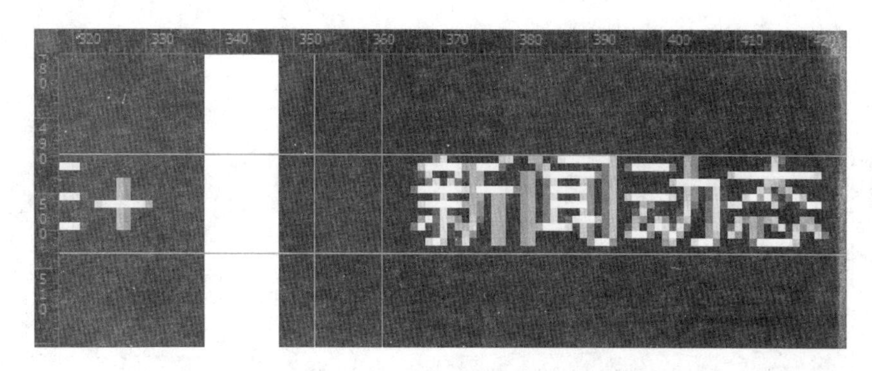

图 6-5 形成切图区域

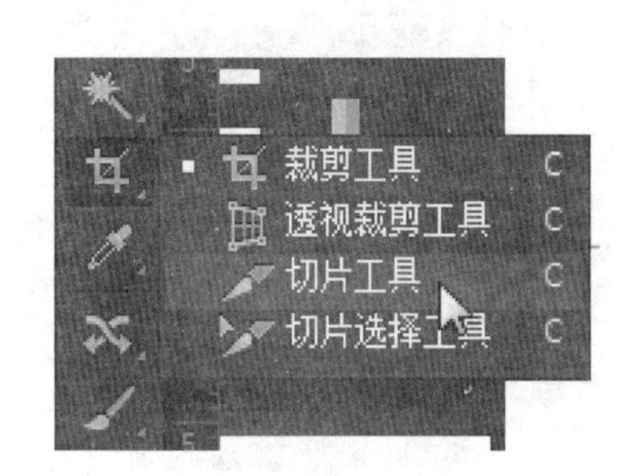

图 6-6 选择切片工具图

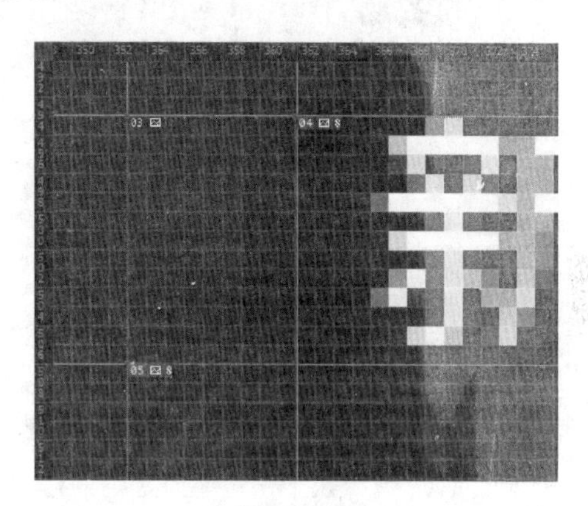

6-7 划出切片

图 6-8 形成切图区域

在打开的对话框的下拉列表中选择导出图片的存储格式（如 JPEG），如图 6-9 所示。单击“存储”按钮，打开“将优化结果存储为”对话框，修改保存的文件名，并在“格式”

下拉列表中选择“仅限图像”，在“切片”下拉列表中选择“所有用户切片”（见图 6-10），单击“保存”按钮，切片就在本地存为图片。

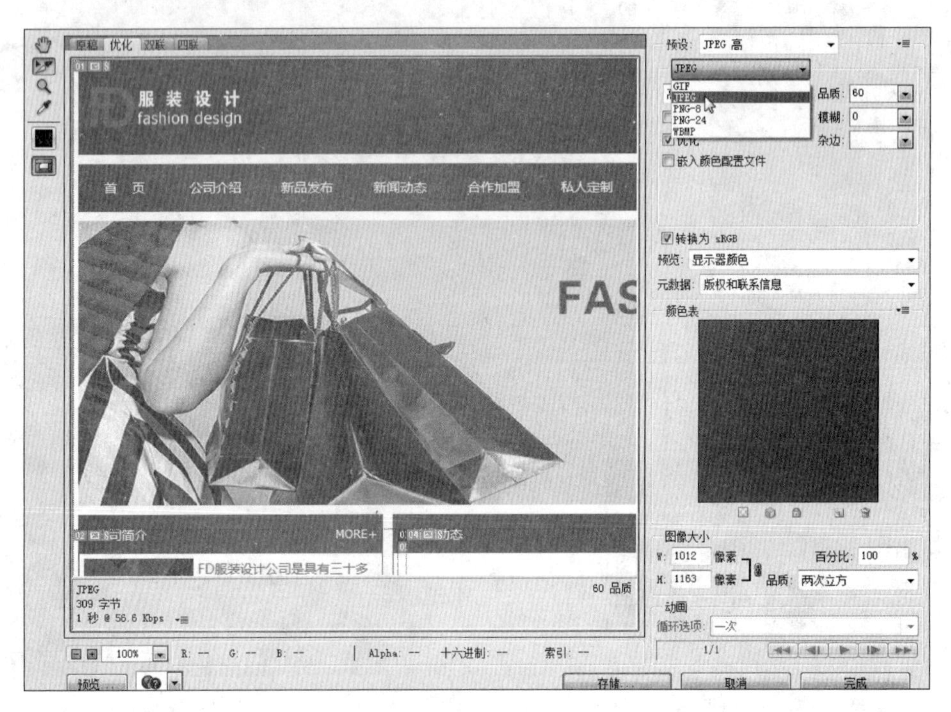

图 6-9　选择切片保存的格式

图 6-10　保存切片

6.4　建立站点

开发整站时，为了便于管理，要先建立好网站文件夹，然后使用 Adobe Dreamweaver 等软件建立一个站点，便于系统地管理网站文件。

1. 建立网站文件夹

网站文件夹中一般包含一些子文件夹，分别用来存放不同类别的文件，如 images 文件夹存放、css 文件夹存放样式文件、video 文件存放视频文件、fonts 文件夹存放字体文件等。本章案例在 D 盘建立了一个网站文件夹，名为 chapter6，在里面又建立了 images 和 css 文件夹，分别用来存放网站中用到的图片和样式文件，网站的首页命名为 index.html，子页面分别命名为 sub1.html 和 sub2.html，样式文件命名为 style.css，存放在 css 文件夹中。

2. 建立站点

打开 Adobe Dreamweaver 软件，选择“站点”→“新建站点”命令，在打开的对话框中输入站点名称，单击“浏览文件夹”按钮，选择 D 盘的网站文件夹，如图 6-11 所示。

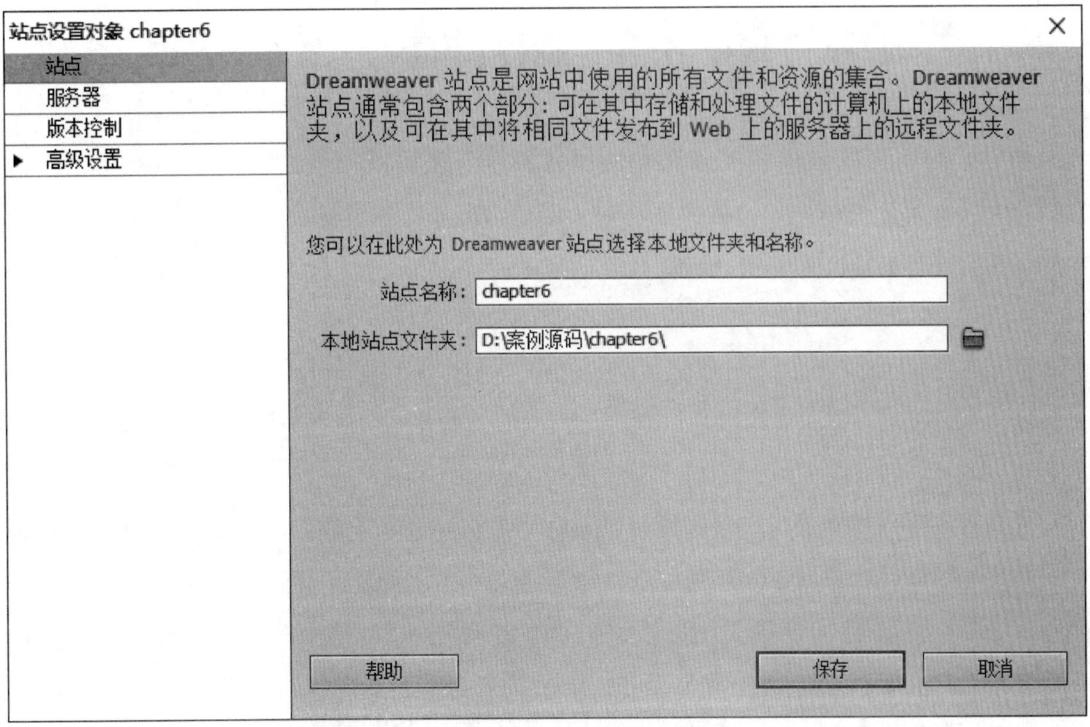

图 6-11　建立站点

设置完成后，单击“保存”按钮，在右下角“文件”面板中可以看到网站中所有的文件和文件夹，双击某个文件即可打开编辑，如图 6-12 所示。

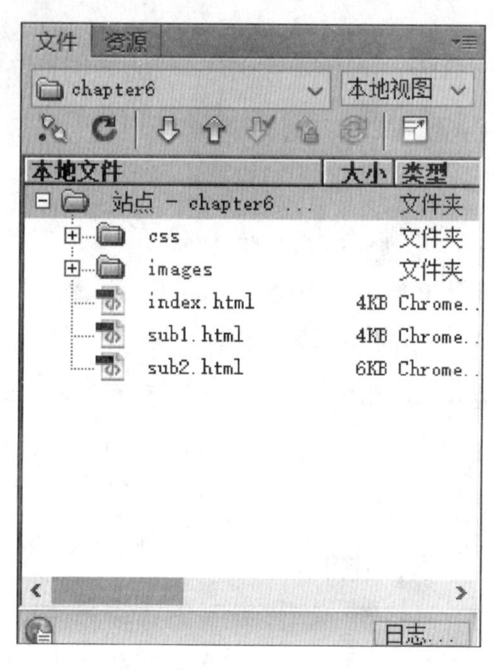

图 6-12　网站文件结构

6.5　制作首页

通过学习前面的效果图制作和切图操作，接下来可以借助 Adobe Dreamweaver 或 Sublime Text 等工具依据首页效果图将首页制作成网页。首先分析一下首页效果图的版面布局，然后进行 HTML 和 CSS 编码。

6.4.1　首页效果图分析

网页包含内容和样式，内容采用 HTML 编码实现，样式采用 CSS 编码，下面从内容和样式两方面对首页效果图进行分析。

1. HTML 内容结构分析

首页从结构上分析，首先有个版心，里面从上到下，依次包含头部、导航栏、大图、主体内容、新品展示和底部，其中头部包含左侧的 logo 标志和右侧导航，内容部分又包括左中右三部分，分别是公司简介、新闻动态和联系我们，如图 6-13 所示。各模块编码时对应的命名如表 6-1 所示。

图 6-13　首页效果图

表 6-1　首页各模块命名

模　块	命　名	模　块	命　名
版心	container	主体内容	main
头部	header	公司简介	about
头部 logo	logo	新闻动态	news
头部导航	topnav	联系我们	contact
导航栏	nav	新品展示	product
广告大图	banner	底部	footer

2. CSS 样式分析

从首页效果图可以看出，首页版心的宽度为 1 000 像素，头部、导航栏、广告大图、主体内容、新品展示、底部等模块宽度和版心相同，也是 1 000 像素。具体首页的布局如图 6-14 所示。

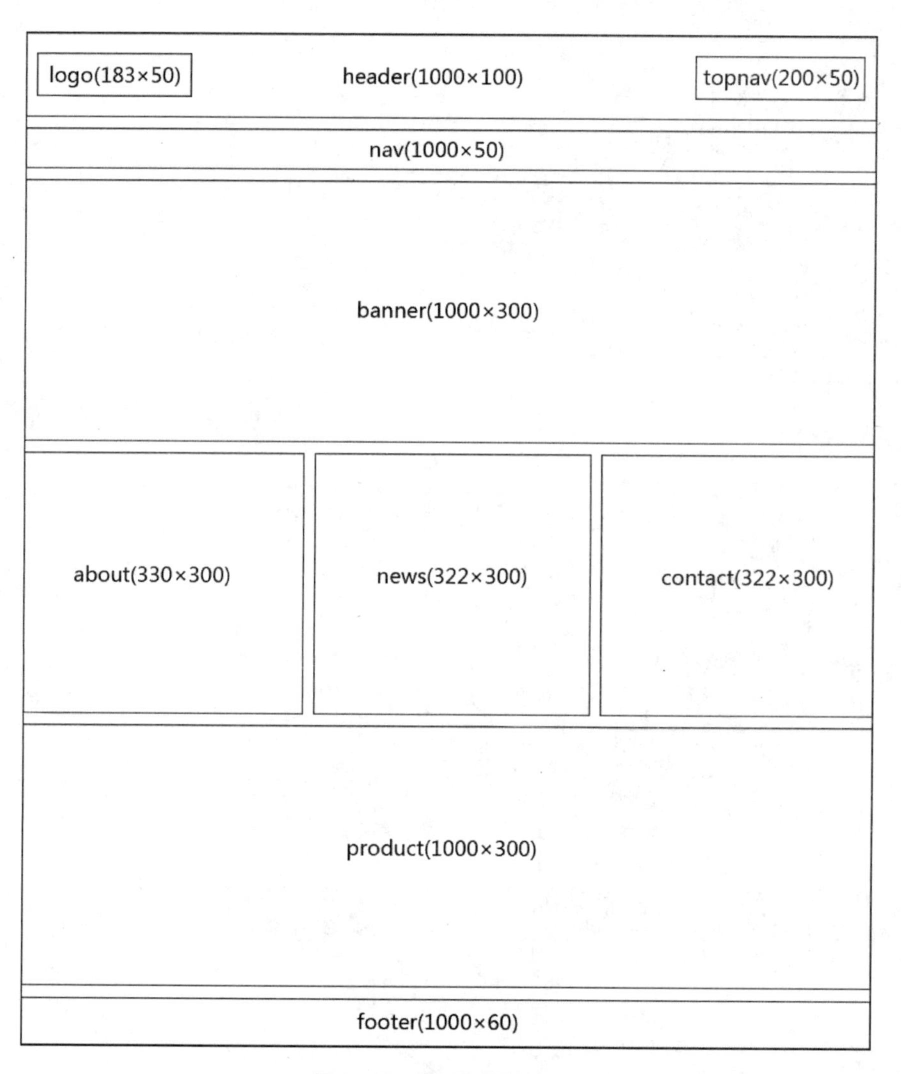

图 6-14　首页各模块布局

6.4.2　搭建首页

通过学习前面的切图操作和效果图分析，接下来就可以开始搭建首页，也就是使用 HTML 和 CSS 编码依据网页效果图制作出网站首页的静态页面。

1. 页面布局

新建文件 index.html，生成 HTML 架构后，按照从上到下的原则，依次布局各个模块，完成首页的总体布局。具体代码如下：

```
<!doctype html>
<html>
<head>
   <meta charset="utf-8">
   <title>服装设计公司 - 网站首页 </title>
</head>
<body>
   <!-- 版心开始 -->
   <div class="container">
      <!-- 头部开始 -->
      <div class="header">
         <div class="logo"></div>
         <div class="topnav"></div>
      </div>
      <!-- 头部结束 -->
      <!-- 导航栏部分开始 -->
      <div class="nav"></div>
      <!-- 导航栏部分结束 -->
      <!-- 广告大图部分开始 -->
      <div class="banner"></div>
      <!-- 广告大图部分结束 -->
      <!-- 主体内容部分开始 -->
      <div class="main">
         <div class="about"></div>
         <div class="news"></div>
         <div class="contact"></div>
         </div>
      <!-- 主体内容部分结束 -->
      <!-- 新品展示部分开始 -->
      <div class="product"></div>
      <!-- 新品展示部分结束 -->
      <!-- 底部开始 -->
      <div class="footer"></div>
      <!-- 底部结束 -->
   </div>
   <!-- 版心结束 -->
</body>
</html>
```

2. 定义全局公共样式

不同的浏览器对 HTML 相同标签可能有不同的默认样式，会导致兼容问题发生，可以在 CSS 文件中进行初始化避免这些问题。在 CSS 文件夹中新建样式文件 style.css，编写全局公共样式，具体编码如下：

```
/* 清除浏览器默认样式 */
body,div,ul,ol,li,dl,dt,dd,p,h1,h2,h3,h4,h5,h6,form,img{
margin:0;
padding:0;
list-style:none;
}
/* 定义全局样式 */
body{font-size:14 px;}
a{text-decoration:none;}
```

3. 插入版心

网页的版心相当于一个大容器，把网页的其他部分包含在里面，要实现网页在浏览器里水平居中，只需要把版心设置为居中即可。版心就是一个盒子，通常使用 DIV 标签，本案例版心命名为 container，网页其他的 HTML 标签都放在版心中。一般来说，版心的尺寸就是网页主体的尺寸，版心在浏览器中水平居中。具体 CSS 编码如下：

```
.container{
   width:1 000 px;
   height:850 px;
   margin:0 px auto;  /* 在浏览器中水平居中 */
}
```

4. 制作首页头部

首页的头部是一个名为 header 的 DIV 盒子，里面左侧有一个名为 logo 的 DIV 盒子，右侧是一个名为 topnav 的盒子。首先搭建 HTML 结构，打开 index.html 文件编写 HTML 编码，具体如下：

```
<div class="header">
   <div class="logo"><img src="images/logo.png"height="50"></div>
   <div class="topnav"> 中文版 | 英文版 | 在线客服 </div>
</div>
```

然后打开 style.css 编写样式，具体代码如下：

```
.header{
   height:100 px;
   background-color:#a62020;
   margin-bottom:10 px;
```

```
    overflow:hidden;
    padding:25 px 10 px 0 px 10 px;
    box-sizing:border-box;
}
.logo{
    float:left;
}
.topnav{
    width:200 px;
    height:46 px;
    float:right;
    line-height:46 px;
    color:#fff;
    text-align:center;
}
```

保存 index.html 和 style.css 文件，在浏览器中预览效果，如图 6-15 所示。

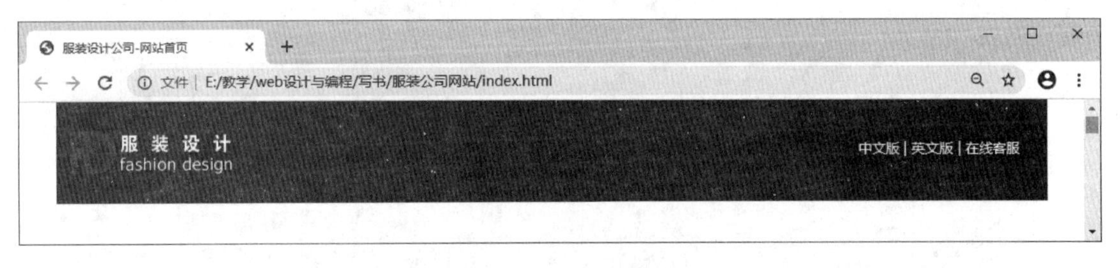

图 6-15　首页头部效果

5. 制作导航栏

导航栏是一个名为 nav 的 DIV 盒子，里面是一些超链接文字，鼠标移上去会有效果变化。首先编写 HTML 结构，打开 index.html 文件，在其中编写代码，具体如下：

```
<div class="nav">
   <ul>
      <li><a href="index.html">首    页</a></li>
      <li><a href="#">公司介绍</a></li>
      <li><a href="sub1.html">新品发布</a></li>
      <li><a href="sub2.html">新闻动态</a></li>
      <li><a href="#">合作加盟</a></li>
      <li><a href="#">私人定制</a></li>
      <li><a href="#">联系我们</a></li>
   </ul>
</div>
```

再打开 style.css 样式文件，编写样式代码，具体如下：

```
.nav{
    height:50 px;
    background-color:#4d4646;
    margin-bottom:10 px;
    line-height:50 px;
}
.nav ul li{
    width:100 px;
    height:50 px;
    float:left;
    text-align:center;
}
.nav ul li a{
    color:#fff;
    text-decoration:none;
    width:100 px;
    height:50 px;
    display:block;
}
.nav ul li a:hover{
    background-color:#a62020;
}
```

保存 index.html 和 style.css 文件，在浏览器中预览效果，如图 6-16 所示。

图 6-16　导航栏效果

6. 制作 banner

广告大图 banner 部分是一个名为 banner 的 div 盒子，里面插入一张图片。首先编写结构，打开 index.html 文件进行编码，具体代码如下：

```
<div class="banner">
    <img src="images/banner03.jpg">
</div>
```

再打开 style.css 文件编写 CSS 样式，具体代码如下：

```
.banner{
    height:300 px;
    margin-bottom:10 px;
}
```

7. 制作主体内容

在首页主体部分先插入一个名为 main 的 div 盒子，在其中从左到右依次插入名为 about、news 和 contact 的 3 个 div 盒子。打开 index.html 文件，编写结构，具体代码如下：

```
<!-- 主体部分开始 -->
<div class="main">
   <!-- 公司简介部分开始 -->
   <div class="about">
      <div class="title1">公司简介 <span>MORE+</span></div>
      <div class="about_content">
         <img src="images/about.jpg">FD 服装设计公司是具有三十多年发展历史的服装行
         业老字号企业，经过三十多年特别是 21 世纪近十年的快速发展，企业规模、效益连续翻番。
         公司目前拥有 500 多名员工和 600 多台套技术装备，年产能 200 多万件各类服装，100 多
         家专卖店和连锁店，是一个集研发设计、生产制造、品牌营销、国际贸易、技术服务为一
         体的大型时装骨干企业。公司注重服装品质，依托先进的服装设计理念，为很多高端活动
         提供了设计和制作服务，在国内外都具有良好的口碑，已经成为服装行业的引领者。
      </div>
   </div>
   <!-- 公司简介部分结束 -->
   <!-- 新闻动态部分开始 -->
   <div class="news">
      <div class="title1">新闻动态 <span>MORE+</span></div>
      <ul>
         <li><a href="#">2020 年中国纺织服装行业面临新挑战 </a></li>
         <li><a href="#">时尚国际精英超模大赛中国总决赛圆满成功 </a></li>
         <li><a href="#">公司组团参加 2019 阿布扎比防务展 </a></li>
         <li><a href="#">公司举办信息安全及贸易风险管控专项培训会 </a></li>
         <li><a href="#">柔性传感技术助力内衣产业开启智能时代 </a></li>
         <li><a href="#">2020 第十届中国国际毛衫文化节即将举办 </a></li>
      </ul>
   </div>
   <!-- 新闻动态部分结束 -->
   <!-- 联系我们部分开始 -->
   <div class="contact">
      <div class="title1">联系我们 <span>MORE+</span></div>
         <dl>
            <dt><img src="images/contact_us.jpg"alt=""width="312"></dt>
            <dd>地址：和平区大桥北路 ×× 大厦 A 座 12 层 1205</dd>
            <dd>邮编:100000</dd>
            <dd>联系电话 :010-23230×××</dd>
            <dd>电子邮箱 :fd@fd.com</dd>
         </dl>
      </div>
```

```
    <!-- 联系我们部分结束 -->
    </div>
<!-- 主体部分结束 -->
```

再打开 style.css 文件，编写 CSS 样式，具体代码如下：

```
.main{
    overflow:hidden;
    margin-bottom:10 px;
}
.about{
    width:330 px;
    height:300 px;
    border:1 px solid#4d4646;
    float:left;
}
.title1{
    height:40 px;
    background-color:#4d4646;
    color:#fff;
    line-height:40 px;
    background-image:url(../images/img_07.jpg);
    background-repeat:no-repeat;
    background-position:4 px center;
    padding-left:18 px;
    padding-right:5 px;
}
.title1 span{
    float:right;
    font-size:10 px;
    font-family:Verdana;
}
.about_content{
    color:#4d4646;
    line-height:150%;
    padding:5 px 0 px 5 px 5 px;
    font-size:14 px;
}
.about_contentimg{
    float:left;
    margin-right:5 px;
}
.news,.contact{
    width:322 px;
    height:300 px;
```

```
    margin-left:10 px;
    border:1 px solid#4d4646;
    float:left;
}
.main.news ul{
    margin-top:10 px;
    padding:0 px 10 px 0 px 10 px;
}
.main.news ul li{
    height:40 px;
    line-height:40 px;
    background-image:url(../images/icon.png);
    -webkit-background-size:12 px;
    background-size:12 px;
    background-repeat:no-repeat;
    background-position:left center;
    padding-left:20 px;
    border-bottom:1 px dashed#aaa;
}
.main.news ul li a{
    color:#333;
    text-decoration:none;
}
.main.news ul li a:hover{
    color:#a62020;
}
.contact dl{
    margin:5 px 0 px 0 px 5 px;
}
.contact dl dd{
    margin-top:10 px;
}
```

保存 index.html 和 style.css 文件，在浏览器中的预览效果如图 6-17 所示。

图 6-17　首页主体部分

8. 制作新品展示部分

在新品展示部分先插入一个名为 product 的 div 盒子，利用无序列表标签实现产品的展示效果。打开 index.html 文件，编写结构，具体代码如下：

```
<!-- 新品展示部分开始 -->
<div class="product">
   <div class="title2">新品发布<span>MORE+</span></div>
   <ul>
     <li><img src="images/fz01.jpg"><p>新品 1</p></li>
     <li><img src="images/fz02.jpg"><p>新品 2</p></li>
     <li><img src="images/fz03.jpg"><p>新品 3</p></li>
     <li><img src="images/fz04.jpg"><p>新品 4</p></li>
     <li><img src="images/p03.jpg"><p>新品 3</p></li>
     <li><img src="images/fz06.jpg"><p>新品 4</p></li>
   </ul>
</div>
<!-- 新品展示部分结束 -->
```

再打开 style.css 文件，编写 CSS 样式，具体代码如下：

```
.product{
   height:300 px;
   border:1 px solid#4d4646;
}
.title2{
   height:40 px;
   color:#4d4646;
   line-height:40 px;
   background-image:url(../images/img_07.jpg);
   background-repeat:no-repeat;
   background-position:4 px center;
   padding-left:18 px;
   border-bottom:1 px solid#4d4646;
}
.title2 span{
   float:right;
   color:#a62020;
   font-size:12 px;
   font-family:Verdana;
}
.product ul{
   margin-top:20 px;
   padding-left:10 px;
}
```

```
.product ul li{
   float:left;
   margin-right:16 px;
   text-align:center;
}
.product ul li:last-child{
   margin-right:0 px;
}
.product ul li p{
   font-size:#4d4646;
   font-size:12 px;
}
```

保存 index.html 和 style.css 文件，在浏览器中的预览效果如图 6-18 所示。

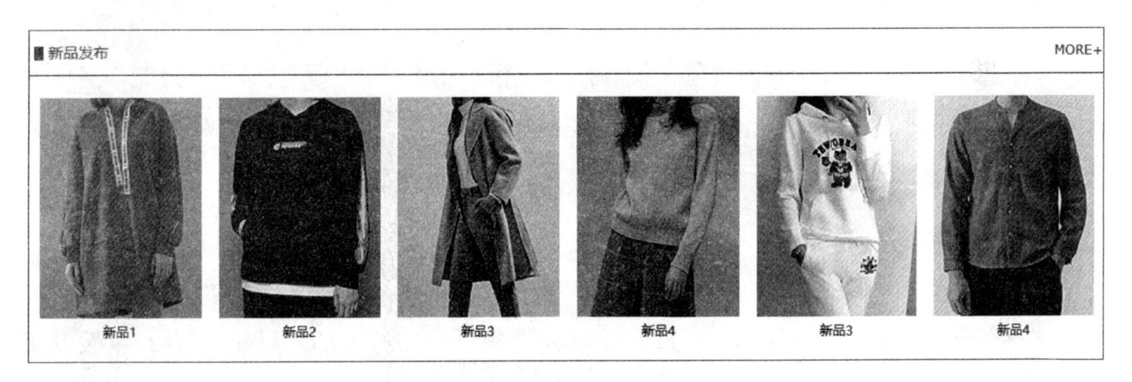

图 6-18　首页新品展示部分

9. 制作底部

在底部先插入一个名为 footer 的 div 盒子，输入版权信息文字，©；代表版权符号 ©。打开 index.html 文件，编写结构，具体代码如下：

```
<!-- 底部开始 -->
<div class="footer">版权所有 &copy;FD 服装设计有限公司 </div>
<!-- 底部结束 -->
```

再打开 style.css 文件，编写 CSS 样式，具体代码如下：

```
.footer{
   height:60 px;
   background-color:#a62020;
   margin-top:10 px;
   line-height:60 px;
   text-align:center;
   color:#fff;
   font-size:14 px;
}
```

保存 index.html 和 style.css 文件，在浏览器中的预览效果如图 6-19 所示。

图 6-19　底部效果

6.6　制作网页模板

一个网站包含首页和若干子页面，这些页面的风格基本一致，都有很多相同的部分。例如，网页的头部、导航栏和底部等内容都相同，这时就不需要每一个页面都从空白开始制作，而是可以采用模板生成新的页面，这样不仅可以提高网站开发的工作效率，还能保证页面风格的一致性。

Adobe Dreamweaver 软件提供了制作网页模板的功能，我们可以利用已经制作完成的首页来做成模板。模板里包括可编辑区域和不可编辑区域，把相同内容部分设置为不可编辑区域，把需要改变的部分设为可编辑区域，这样可快速制作出子页面。

1. 新建模板

打开 Adobe Dreamweaver 软件，在“文件”面板中选择站点 chapter6，双击 index.html 文件，选择菜单“文件”→“另存为模板”命令，在打开的对话框中输入模板名称 template（见图 6-20），单击“保存”按钮创建一个模板文件。

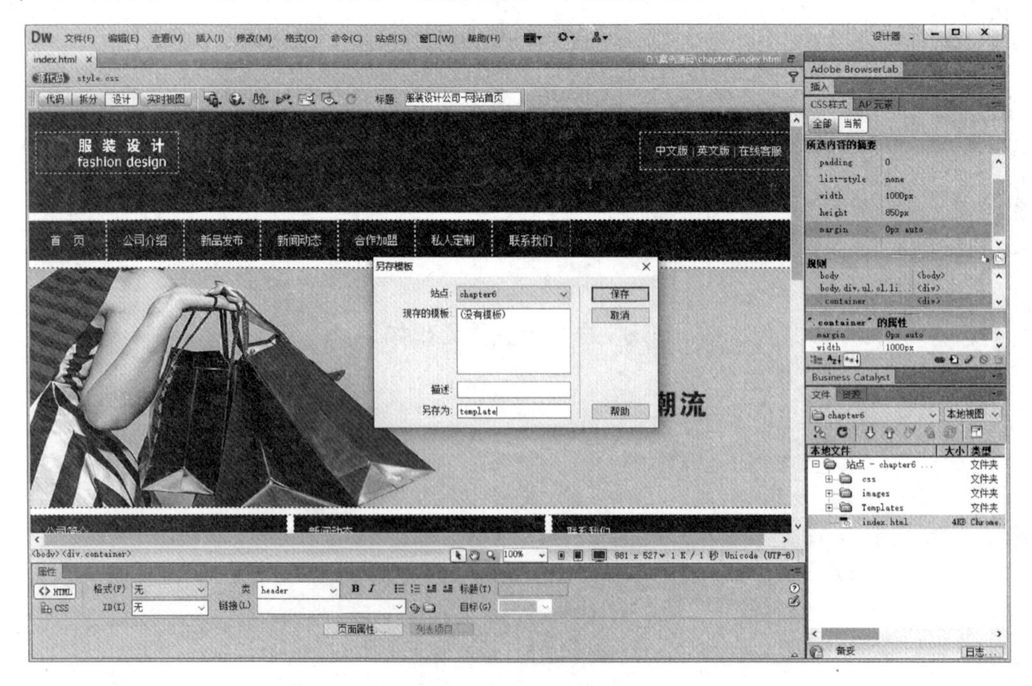

图 6-20　另存为模板

2. 创建可编辑区域

删除原来页面中需要更改部分的内容，如 banner，选中 banner 标签，右击，选择“模板”→“新建可编辑区域”命令，如图 6-21 所示。

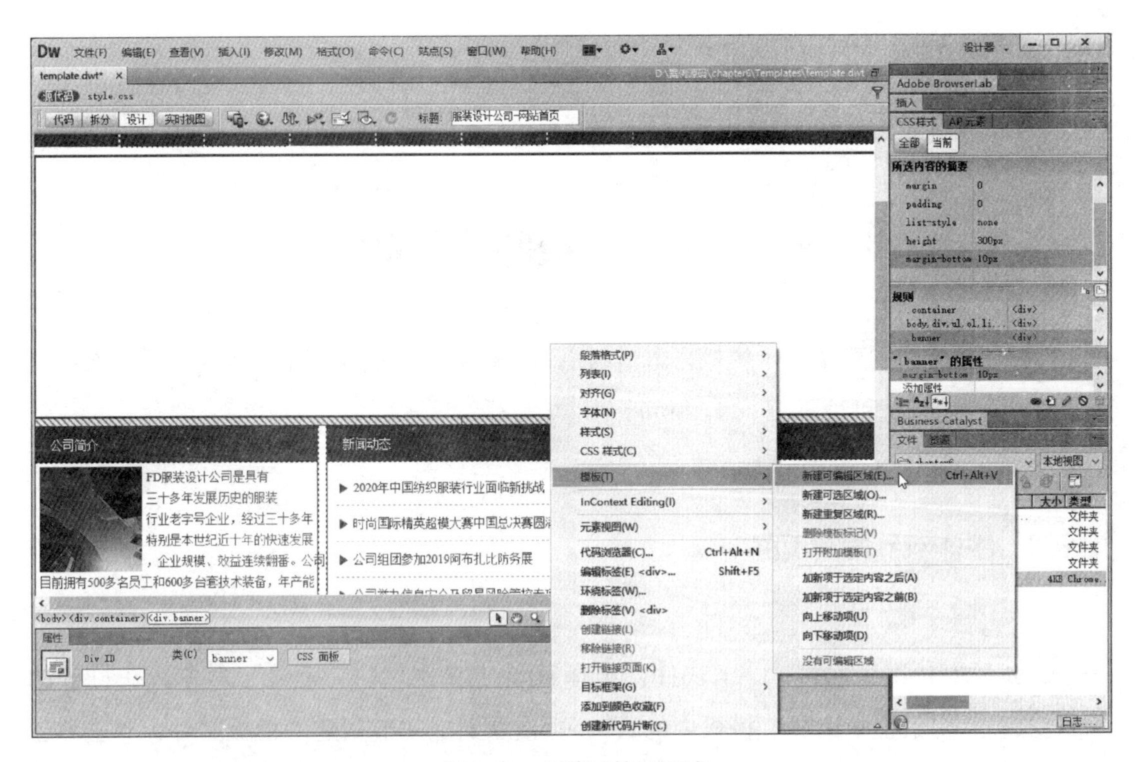

图 6-21　创建可编辑区域

在打开的“新建可编辑区域”对话框中输入名称 r1，单击“确定”按钮完成设置，如图 6-22 所示。

新建可编辑区域

名称：r1

此区域将可以在基于该模板的文档中进行编辑。

确定

取消

帮助

图 6-22　“新建可编辑区域”对话框

依据同样操作，把主体部分的公司简介、新闻动态、联系我们删除，创建可编辑区域，命名为 r2，如图 6-23 所示。

图 6-23　创建可编辑区域

6.7　利用模板制作子页面

前面利用首页创建了一个模板，本节利用这个模板文件制作两个子页面：新品发布页面 sub1.html 和新闻列表页面 sub2.html。

6.6.1　制作新品发布页面

启动 Adobe Dreamweaver 软件，选择菜单“文件”→“新建”命令，在打开的“新建文档”对话框中选择“模板中的页”，可以看到上一节创建的模板文件，单击“创建”按钮，创建一个网页，保存为 sub1.html。在可编辑区域 r1 处编写 HTML 代码，具体代码如下：

```
<div class="banner">
   <img src="images/banner01.jpg">
</div>
```

继续在可编辑区域 r2 处编写 HTML 代码，具体代码如下：

```
<!-- 女装展示部分开始 -->
<div class="new_product">
   <div class="bt">新品女装 Woman Fashion</div>
   <ul>
     <li><img src="images/p0001.jpg" alt=""></li>
     <li><img src="images/p0002.png" alt=""></li>
     <li><img src="images/p0003.jpg" alt=""></li>
     <li><img src="images/p0004.jpg" alt=""></li>
   </ul>
</div>
<!-- 女装展示部分结束 -->
```

```
<!-- 男装展示部分开始 -->
<div class="new_product">
   <div class="bt">新品男装 Man Fashion</div>
   <ul>
     <li><img src="images/p0010.jpg" alt=""></li>
     <li><img src="images/p0011.jpg" alt=""></li>
     <li><img src="images/p0012.jpg" alt=""></li>
     <li><img src="images/p0013.jpg" alt=""></li>
   </ul>
</div>
<!-- 男装展示部分结束 -->
```

打开 style.css 文件，编写样式，具体代码如下：

```
.new_product{
   width:1 000 px;
   height:440 px;
   margin-top:10 px;
}
.new_product.bt{
   height:50 px;
   text-align:center;
   line-height:50 px;
   font-size:24 px;
   color:#4d4646;
   font-weight:bold;
}
.new_product ul{
   margin-top:20 px;
}
.new_product ul li{
   width:233 px;
   height:350 px;
   border:1 px solid#cccccc;
   float:left;
   margin-right:20 px;
   text-align:center;
}
.new_product ul li:last-child{
   margin-right:0 px;
}
```

保存 sub1.html 和 style.css 文件，在浏览器中预览网页，效果如图 6-24 所示。

图 6-24　新品发布页面

6.6.2　制作新闻列表页面

启动 Adobe Dreamweaver 软件，选择“文件”→“新建”命令，在打开的“新建文档”对话框中选择“模板中的页”，可以看到上一节创建的模板文件，单击“创建”按钮，创建一个网页，保存为 sub2.html。在可编辑区域 r1 处编写 HTML 代码，具体如下：

```
<div class="banner">
    <img src="images/banner02.jpg">
</div>
```

继续在可编辑区域 r2 处编写 HTML 代码，具体如下：

```
<div class="news_nav">
   <div class="biaoti3">新闻动态</div>
   <a href="#">行业资讯</a>
   <a href="#">公司新闻</a>
</div>
<div class="news_content">
   <div class="title2">公司新闻<span>位置：首页>新闻动态>公司新闻</span></div>
   <div class="news_list">
     <dl>
       <dt><h4>公司组团参加2019阿布扎比防务展</h4></dt>
       <dd class="pic"><img src="images/pic01.jpg"></dd>
       <dd class="text">第十四届阿布扎比国际防务展览会(IDEX)在阿联酋的阿布扎比
       国际展览中心举办，中国中服服装有限公司副总经理高海生带公司军品部人员组团参展。
       IDEX始于1993年，每两年一届，目前已成为西亚和北非地区规模最大、最具影响力的防
       务展，也是全球顶级防务装备展览之一。</dd>
       <dd class="news_date">2020-02-12</dd>
       <dd class="visit"><a href="#">点击访问</a></dd>
     </dl>
     <dl>
       <dt><h4>开展管理提升活动，提高企业管理能力</h4></dt>
       <dd class="pic"><img src="images/pic01.jpg"></dd>
       <dd class="text">做好管理提升活动，坚持以科学发展为主题，以加快转变经济发展
       方式为主线，以解决企业管理中存在的突出问题和薄弱环节为重点，通过自主优化、引进
       吸收、创新发展，持续加强企业管理，积极推进管理创新，向管理要效率和效益，向管理
       要竞争力，促进企业持续、健康发展。</dd>
       <dd class="news_date">2020-02-12</dd>
       <dd class="visit"><a href="#">点击访问</a></dd>
     </dl>
     <dl>
       <dt><h4>公司召开整合后首次全体职工大会</h4></dt>
       <dd class="pic"><img src="images/pic01.jpg"></dd>
       <dd class="text">2019年12月30日，公司召开业务整合后首次全体职工大会，公司
       全体干部职工参加了会议。公司总经理对公司下一步工作进行了全面部署，他指出，整合
       是整体战略发展的需要，也是公司业务发展的需要。他勉励全体员工要充分发挥主观能动
       性，团结一致、攻坚克难，与公司携手前行。</dd>
       <dd class="news_date">2020-02-12</dd>
       <dd class="visit"><a href="#">点击访问</a></dd>
     </dl>
     <dl>
       <dt><h4>公司召开"不忘初心、牢记使命"主题教育研讨会</h4></dt>
       <dd class="pic"><img src="images/pic01.jpg"></dd>
```

```
        <dd class="text">根据主题教育工作方案的有关要求，公司"不忘初心、牢记使命"
        主题教育自 2019 年 9 月 10 日正式启动以来，在经过前期动员部署、集中学习等环节的工
        作后，于 2019 年 10 月 17 日召开了全体党员参加的学习研讨会。第一巡回指导组组长出
        席了会议并讲话。</dd>
        <dd class="news_date">2020-02-12</dd>
        <dd class="visit"><a href="#">点击访问</a></dd>
      </dl>
      <dl>
        <dt><h4>公司举办信息安全及贸易风险管控专项培训会</h4></dt>
        <dd class="pic"><img src="images/pic01.jpg"></dd>
        <dd class="text">2019 年 3 月 6 日上午，公司全体员工就信息安全及贸易中的经营
        风险管控进行了专项培训，这不但是海关 AEO 认证管理的需要，同时也是确保公司贸易业
        务稳定发展、防范经营风险的需要。随着企业的发展，市场竞争的加剧，确保信息的完整
        性、可用性及保密性变得越来越重要。</dd>
        <dd class="news_date">2020-02-12</dd>
        <dd class="visit"><a href="#">点击访问</a></dd>
      </dl>
    </div>
</div>
```

打开 style.css 文件，编写样式，具体代码如下：

```
.news_nav{
   width:200 px;
   height:300 px;
   float:left;
}
.news_content{
   width:790 px;
   height:780 px;
   float:right;
}
.biaoti3{
   height:60 px;
   background-color:#a62020;
   color:#fff;
   line-height:60 px;
   text-align:center;
   font-size:18 px;
}
.news_nav a{
   color:#fff;
   background-color:#4d4646;
   height:40 px;
   font-size:14 px;
   line-height:40 px;
```

```
    text-align:center;
    display:block;
    text-decoration:none;
    margin-top:1 px;
}
.news_list dl{
    height:130 px;
    border-bottom:1 px solid#ccc;
    margin-top:10 px;
}
.news_list dl dt{
    float:right;
    width:630 px;
    height:30 px;
}
.news_list.pic{
    float:left;
    height:120 px;
    width:150 px;
}
.news_list.text{
    float:right;
    height:65 px;
    width:630 px;
}
.news_list.visit{
    float:left;
    height:20 px;
    width:80 px;
    margin-left:10 px;
    border:1 px solid#4d4646;
    text-align:center;
    line-height:20 px;
}
.news_list.visit a{
    display:block;
    height:20 px;
    width:80 px;
    color:#333;
    text-decoration:none;
}
.news_list.visit a:hover{
    background-color:#a62020;
    color:#fff;
}
```

```
.news_list.news_date{
    float:right;
    height:20 px;
    width:100 px;
    text-align:center;
    line-height:20 px;
    color:#999;
}
```

保存 sub2.html 和 style.css 文件，在浏览器中预览网页，效果如图 6-25 所示。

图 6-25　新闻动态页面

小　结

本章通过一个综合案例介绍了一个网站的总体设计过程，包括确定网站主题、搜集网站素材、设计网页效果图、切图、建立站点、首页制作、制作网页模板和利用模板制作子页面等内容。

通过本章的学习，可了解网站设计的步骤，掌握网站设计过程中各个环节的基本操作，能根据实际需求制作出符合要求的网站。

习 题

一、判断题

1. 制作网站的第一步工作是制作首页。 （ ）

2. 站点是一系列通过各种链接关联起来的逻辑上可以视为一个整体的一些网页。 （ ）

3. 网站风格是指整个网站所采用的结构布局、色调、文字、标志、图案等要素带给浏览者的关于该网站的印象。 （ ）

4. 静态网站的主页通常命名为 index.html 或 default.html。 （ ）

5. 使用模板可以从整体上保持网站的统一风格，而且后期维护方便。 （ ）

二、选择题

1. 在网站整体规划时，第一步要做的是（ ）。

A. 确定网站主题　　B. 选择合适的网页制作工具

C. 搜集素材　　D. 制作网页

2. 用 Photoshop 进行网页效果图切图时，需要用到的工具是（ ）。

A. 裁剪　　B. 自由变形　　C. 选区　　D. 切片

3. Dreamweaver 是一款专业的可视化（ ）。

A. 文字处理软件　　B. 网页编辑软件　　C. 动画制作软件　　D. 图像处理软件

4. 使用 Dreamweaver 制作网页时，在 IE 浏览器中预览网页的快捷键是（ ）。

A. F2　　B. F5　　C. F1　　D. F12

5. 下面说法错误的是（ ）。

A. 规划网站目录结构时，要建立独立的 images 目录存放网站的图像文件

B. 制作网站时应突出主题色

C. 为了使站点结构明确，应该使用中文目录

D. 制作网站之前，要进行网站规划

三、简答题

1. 简述网站规划的主要内容。

2. 简述网站建设的基本流程。

第7章 JavaScript编程基础知识

通过前面章节的学习，学到了设计静态网页的基础知识。但问题是静态的网页无法更好地和用户进行交互。例如，针对网页中输入用户名和密码后登录后页面的跳转设计中，需要判读用户名和密码是否正确的问题，这就需要编程才能解决。类似的像“购物车”功能、网页小游戏都需要编程才能实现。

网页编程分后台编程和前端编程。后台编程也就是服务器端的编程，即把网页收集的数据提交到服务器统一进行处理，往往牵扯到数据库、会话、Cookie等复杂内容。前端编程是在网页中直接进行数据处理不传递到后台服务器，例如，在输入电话号码的文本框中，可以首先判断输入的键盘字符是否是数字，避免提交到服务器进行判断，减轻了服务器的负担。下面就讲解Web前端编程最常用的语言JavaScript。

网页设计中HTML标签是网页的结构，CSS是网页的外观或样式，而JavaScript是网页的行为。这也是本书名称包含“HTML 5+CSS 3+JavaScript”的原因。

7.1 初识JavaScript

7.1.1 JavaScript介绍

在浏览器打开的网页中，或多或少都有JavaScript的影子。常见的例子有焦点图自动切换、弹出菜单、输入验证、交互操作等网页应用。

1. JavaScript的诞生

1994年，网景公司（Netscape）发布了当时世界上第一个比较成熟的网络浏览器

Navigator。但是，这个版本的浏览器只能用来浏览，不具备与访问者交互的能力。网景公司急需一种网页脚本语言，使得浏览器可以与网页互动。当时 Sun 公司（已于 2009 年被 Oracle 公司收购）的 Java 语言风靡一时，因此，网景和 Sun 两家公司一起携手推出了 JavaScript 这个网页编程语言，这也是这种语言被命名为“Java+Script”的原因。

网景公司的程序员 Brendan Eich 主持了 JavaScript 语言的设计。他以 Java 作为 JavaScript 设计的原型，设计思路如下：

（1）借鉴 C 语言的基本语法。

（2）借鉴 Java 语言的数据类型和内存管理。

（3）借鉴 Scheme 语言，将函数提升到“第一等公民”（First Class）的地位。

（4）借鉴 Self 语言，使用基于原型（Prototype）的继承机制。

Java 对 JavaScript 的影响，主要是把数据分成基本类型（Primitive）和对象类型（Object）两种，如字符串和字符串对象。

2. JavaScript 的特点

（1）解释性执行的脚本语言。JavaScript 是一种解释性语言，在运行程序的过程中需要逐行解释。JavaScript 可以嵌入 HTML 文件中，方便用户操作，浏览器同时渲染 HTML 标签和执行 JavaScript 语句。当用户输入数据时，数据可以由客户端 JavaScript 程序直接处理，而不必传输到服务器由服务器处理。

（2）简单性。JavaScript 是一个基于 Java 基本语句和控制流的简单而紧凑的设计，很容易被具备 Java 语言和 C 语言基础的人所掌握。JavaScript 开发环境简单，所有浏览器均支持，另外该语言是弱类型语言，无须声明即可直接使用。

（3）基于事件驱动的、面向对象的编程语言。JavaScript 是一种面向对象的语言，不但可以创建对象，而且内置了大量的对象用来操作脚本环境和 HTML 标签。JavaScript 以事件驱动的方式响应用户，例如，按下鼠标、移动窗口、选择菜单等都可以视为事件。当一个事件发生时，它可以执行相应的脚本程序，这种机制称为“事件驱动”。

（4）跨平台与安全性。JavaScript 依赖于浏览器本身，与操作系统无关。只要浏览器支持 JavaScript，就可以正确执行，实现跨平台。

JavaScript 不允许访问本地硬盘，不允许修改和删除网络文件，它只能浏览信息或通过浏览器进行动态交互，所以可以有效地防止数据丢失或非法访问系统，是一种安全语言。

7.1.2 引入 JavaScript 的方式

JavaScript 脚本文件的引入和 CSS 文件类似，主要有 3 种：行内式、嵌入式和外链式。网页开发提倡结构、样式、行为的分离，所以下述第三种外链式是最推荐的方式。

1. 行内式

行内式将 JavaScript 代码作为 HTML 标签的属性值。行内引入方式必须结合事件来使用，但是其他两种方式可以不结合事件。其语法形式如下：

```
<标签 on+ 事件类型 ="js 代码 "></ 标签 >
```

例如，下面的代码使得单击“点我”按钮弹出警告框。

```
<input type="button" onclick="alert('行内引入')" value="点我" name="button"/>
```

也可以将代码加入 href 属性中，例如，下面的代码添加到超链接中，同样实现了弹出警告框。

```
<a href="javascript:alert('Hello!');">点我 </a>
```

2. 嵌入式

在 head 或 body 标签内，可以嵌入 script 标签，然后在 script 标签中写 JavaScript 代码。HTML 5 的书写格式为：<script>JavaScript 代码 </script>

```
<script>
   alert("这是 JS 的内部引入");
</script>
```

嵌入式代码要注意放置代码的位置。由于浏览器解析代码是按照从上到下的顺序进行，因此，要考虑好什么时间执行 JavaScript 代码，若放置在 <head></head> 之间，代码会在显示页面元素之前提前加载（如函数只是加载并没有执行）或执行。

3. 外链式

可以将 JavaScript 代码单独写在一个或多个外面文件中，文件后缀一般为 js。然后通过 script 标记的 src 属性将文件链接到 HTML 文件，具体语法格式如下：

```
<script type="text/javascript" src="文件的具体路径和名称"></script>
```

外部的 JavaScript 文件，具有方便维护、可缓存（加载一次，反复使用）、便于扩展、复用性高等特点。建议尽量使用这种引入方法。实验如下：新建外部的 JavaScript 文件 demo.js，输入如下代码，需要注意的是外部文件中可以不输入 <script></script> 标签。

```
alert("这是 JS 的外部引入");
```

7.1.3　编写简单的 JavaScript 页面

本节介绍如何在网页开发中编写简单的 JavaScript 程序，并通过案例让用户体验一下如何在网页中加入 JavaScript 代码。在开始之前先介绍几个简单的输出语句。

1. alert（" 提示文字 "）

alert（" 提示文字 "）弹出一个警告框，经常用于确保用户可以得到某些信息。当警告框出现后，用户需要单击“确定”按钮才能继续进行操作。

提示文字中加入“\n”来设置换行，例如，“alert（"Hello\n How are you？"）”；将弹出如图 7-1 所示的提示框。

图 7-1　alert（）函数运行结果

2. console.log（" 提示文字 "）

console.log（ ）方法用于在控制台输出信息，该方法对于开发过程进行测试很有帮助。在测试该方法的过程中，控制台需要可见（Google 浏览器按下【F12】键打开控制台）。也可以直接在控制台模式下输入语句进行调试。图 7-2 所示为源代码和控制台的输出。

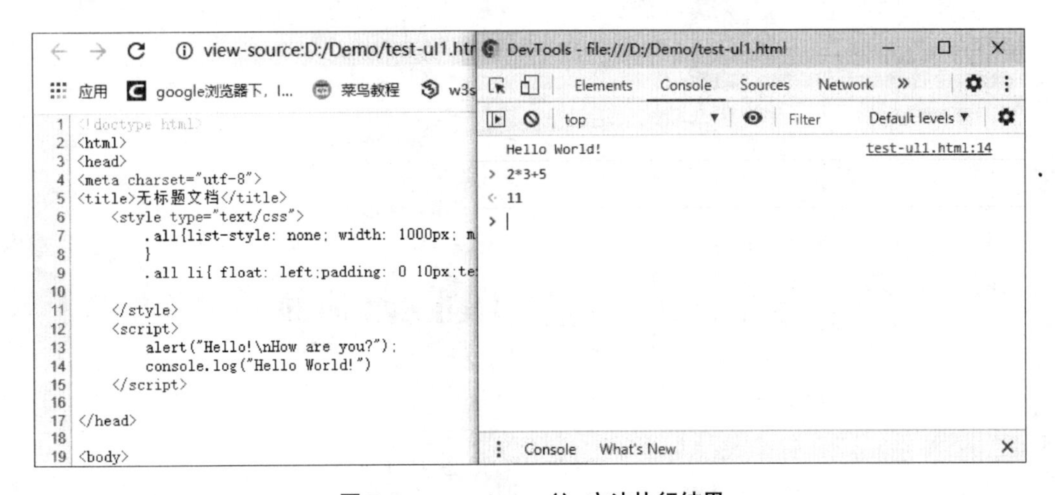

图 7-2　console.log（）方法执行结果

3. document.write（"字符串"）

document.write（）方法可向网页写入 HTML 表达式或 JavaScript 代码。写入的字符串可以是普通的字符串，也可以是 HTML 标签，例如，代码 document.write（"<h1>Hello World!</h1>"）在浏览器中输出的是标题 1 格式的字符串。

需要注意的是，若输出 JavaScript 代码，script 标签的结束标记中的斜线“/”要加反斜线“\”。例如 document.write（"<script>alert（'Hello World!'）；</script>"）无法弹出提示框。正确的代码如下：

```
document.write("<script>alert('Hello World!');<\/script>");
```

在初步了解了 JavaScript 语言后，用具体的案例演示用 JavaScript 来编写网页程序。

案例 7-1 用 JavaScript 编写网页程序。

案例源代码如下：

```
1  <!doctype html>
2  <html>
3  <head>
4    <meta charset="utf-8">
5    <title>JS自动生成HTML内容</title>
6    <script>
7      document.write("<script>alert('单击确定按钮开启JavaScript之旅')
       <\/script>");
8      document.write("<h1>Hello World!</h1>");
9    </script>
10 </head>
11 <body>
12   <p>Have a nice day!</p>
13 </body>
14 </html>
```

程序运行结果如图 7-3 所示。

图 7-3 案例 7-1 程序运行结果

注意：

JavaScript 代码是逐行执行的，遇到了错误代码将停止执行。所以，即使错误代码后面的代码是正确的也无法执行。这就需要用到后面的调试代码的技巧纠正程序错误。

7.2　JavaScript 语法基础

JavaScript 是一种脚本程序语言，它是一个轻量级，但功能强大的编程语言。语法规则定义了语言结构。注意下面代码中双斜线“//”是行注释符，后面的文字是对代码的解释，对实际执行没影响。

7.2.1　变量

程序语言中标识符的定义非常重要，它规定了程序设计语言中的对象、变量、函数、关键字的名字。标识符的命名是需要一定的规则的，具体规则如下：

（1）必须以字母或者 $ 和 _ 符号开头，后面跟字母或数字（3x 是非法标识符，$x 和 _x 是合法标识符）。

（2）字母大小写敏感（y 和 Y 是不同的标识符）。

变量名就是用户自己定义的标识符。JavaScript 变量可用于存放值（如 x=5）和表达式（如 z=x+y），是用于存储信息的“容器”。变量可以使用短名称（如 x 和 y），也可以使用描述性更好的名称（如 age、sum、totalvolume）。

任何变量在使用之前，建议先进行定义并进行初始化，否则变量类型将为 undefined，无法参与运算。推荐使用“var 变量名称 = 初始值；”的形式进行定义和赋值，如下面的变量定义和赋值代码。虽然 var 关键字可以省略，但使用 var 是一种好的编程习惯。

```
var name="Jack";
var age=18;
var salary;  //未赋初值,console.log(salary)输出为 undefined
varsalary=500;  //对变量进行了重新声明,重新声明覆盖了原来的声明与值
```

变量也可以重新被定义，但用户自定义的变量名不能与系统的保留字和关键字名称相同。所谓的保留字和关键字就是被事先定义好并赋予特殊含义的标识符，如表 7-1 所示。

表 7-1　JavaScript 保留字和关键字

abstract	arguments	boolean	break	byte	case
catch	char	class*	const	double	else
continue	debugger	default	delete	do	enum*
eval	export*	extends*	false	final	finally
float	for	function	goto	if	implements
import*	in	instanceof	int	interface	let
long	native	new	null	package	private
protected	public	return	short	static	super*
switch	synchronized	this	throw	throws	transient
true	try	typeof	var	void	volatile
while	with	yield			

7.2.2　基本数据类型

1. number（数字）

与其他语言区分整型和浮点型不同，JavaScript 中任何数字类型都是用 number 类型表示。整数（十进制、八进制、十六进制）、浮点数（普通表示法、科学计数法）都是 number 类型的字面量。

```
var intNum=55;          //十进制整数
var octalNum=055;       //八进制整数
var hexNum=0x55;        //十六进制整数
var floatNum1=1.1;      //一个浮点数
var floatNum2=1.7e10;   //浮点数的科学计数法
```

number 类型有个特殊的保留字 NaN，表示任何一个计算过程中本来要返回一个 Number 类型却无法返回 Number 的值，比如 0 除以 0。判断一个变量是否是 NaN 要用函数 isNaN( )，这是因为 NaN 无法参与运算，它与任何值都不相等，包括 NaN 本身（NaN==NaN 返回 false）。

```
var n=0/0;          //这在其他语言中会报错，但在 JavaScript 中并不会，这是因为有 NaN
alert(n);           //NaN
alert(typeof n);    //number
alert(isNaN(n));    //true
```

2. string（字符串）

string 类型用来表示 0 个或多个 16 位 Unicode 字符序列，变量赋值时将字符串用单引号（'）或双引号（"）括起来。还有一点需要注意，字符串内有单引号时要用双引号括起来，字符串内有双引号时要用单引号括起来，否则就要在单引号和双引号前加转义符”\”。

```
var str1="hello world";
var str2='hello world';
var str3="hello world';        //两边符号不一致，这是不合法的
var str4="his name is'tom'";
var str5='her name is"lucy"';
var str6='Tom\'s nick name';  //单引号内有单引号或双引号内有双引号前面加转义符
```

3. boolean（布尔）

boolean 类型表示逻辑上的真或假，它有两个字面量 true 和 false，需要注意的是 true 和 false 都是区分大小写的。

```
var zhen=true;
var jia=false;
```

4. null（空）

null 值表示一个不存在或者无效的对象类型地址，可以通过将变量的值设置为 null 来清空变量。

5. undefined（未定义）

一个变量在声明后未经初始化，将会自动获得 undefined 数据类型。尽管可以显示地用 undefined 为变量赋值，但这样做毫无意义。

7.2.3 数据类型的转换与检测

变量之间进行运算时需要数据类型一致，例如，字符串变量和数字类型变量之间无法进行除法运算，这就需要进行数据类型的转换和判断一个变量的类型。下面讲解几个常用的 JavaScript 函数和运算符。

1. typeof

typeof 运算符用来查看 JavaScript 变量的数据类型。例如：

```
typeof "John"    //返回 string
typeof 3.14      //返回 number
typeof  NaN      //返回 number
typeof  false    //返回 boolean
typeof  null     //返回 object
```

2. String ( )

全局函数 String ( ) 可以将数字转换为字符串。该函数可用于任何类型的数字、字母、变量、表达式。例如：

```
String(x)          //将变量x转换为字符串并返回
String(123)        //将数字123转换为字符串"123"
String(100+23)     //将数字表达式转换为字符串"123"
String(false)      //返回"false"
String(true)       //返回"true"
```

3. Number ( )

全局函数 Number ( ) 可以将字符串转换为数字。数字字符串 (如 "3.14") 转换为数字 (即 3.14)，空字符串转换为 0，其他的字符串会转换为 NaN (不是个数字)，布尔类型的 false 和 true 分别转换为 0 和 1。

```
Number("3.14")     //返回3.14
Number("")         //返回0
Number("")         //返回0
Number("abcd")     //返回NaN
Number(false)      //返回0
Number(true)       //返回1
```

4. Boolean ( )

全局函数 Boolean ( ) 可以将其他类型的值转换为布尔类型。数值 0 转换为 false，非 0 数值转换为 true，空字符串转换为 false，非空字符串转换为 true。

```
Boolean(0)         //返回false
Boolean(3)         //返回true
Boolean("")        //返回false
Boolean("abcd")    //返回true
```

不同的数据类型之间原则上是不能一起参与运算的，但有的语言做了额外的处理，如字符串和数字相加就自动把数字转为字符串再进行相加。为了避免引起误会，建议显式进行数据类型转换，确保表达式中的数据类型一致。

7.2.4 表达式与运算符

1. 表达式

用运算符连接各种类型的数据或变量或函数的式子就是表达式。表达式类似数学上的表达式，会有一个运算结果。运算结果可以赋值给另外一个变量，也可以作为参数传递给函数执行。例如，x*2+Math.sqrt（y）就是一个表达式，会根据变量 x 和 y 的实际值进行计算得到一个结果。常见的有算数表达式、比较表达式、逻辑表达式、赋值表达式等。例如：

```
3==4          //判断 3 和 4 相等的结果为 false
2+3*4         //结果为 14
Math.sin(0)   //结果为 0
```

2. 运算符

JavaScript 中运算符主要用于连接简单表达式，组成一个复杂的表达式。也有单目运算符，只操作原始表达式。大多数运算符都由符号组成（+、>=、!），也有关键字表示的运算符，如 typeof。JavaScript 运算符用于赋值、比较值、执行算术运算等。

（1）算术运算符：用于执行两个变量或值的运算。赋值 y=5，表 7-2 所示为算术运算符及其使用方法。

表 7-2　算术运算符及其使用方法

运 算 符	描　述	例　子	y 值	x 值
+	加法	x=y + 2	y=5	x=7
–	减法	x=y–2	y=5	x=3
*	乘法	x=y*2	y=5	x=10
/	除法	x=y/2	y=5	x=2.5
%	余数	x=y%2	y=5	x=1
++	自增	x=++y	y=6	x=6
		x=y++	y=6	x=5
––	自减	x=––y	y=4	x=4
		x=y––	y=4	x=5

（2）赋值运算符：用于给 JavaScript 变量赋值。给定 x=10 和 y=5，表 7-3 所示为赋值运算符及其使用方法。

表 7-3　赋值运算符及其使用方法

运 算 符	例　子	实　例	x 值
=	x=y	x=y	x=5
+=	x +=y	x=x + y	x=15
-=	x-=y	x=x-y	x=5
*=	x*=y	x=x*y	x=50
/=	x/=y	x=x/y	x=2
%=	x%=y	x=x%y	x=0

（3）字符串运算符：+ 运算符、+= 运算符可用于连接字符串。给定 text1="Good"，text2="Morning"，及 text3=""，表 7-4 所示为字符串运算符及其使用方法。

表 7-4　字符串运算符及其使用方法

运 算 符	例　子	text1	text2	text3
+	text3=text1 + text2	"Good"	"Morning"	"Good Morning"
+=	text1 +=text2	"Good Morning"	"Morning"	""

（4）比较运算符：用于逻辑语句的判断，从而确定给定的两个值或变量是否相等。给定 x=5，表 7-5 所示为比较运算符及其使用方法。

表 7-5　比较运算符及其使用方法

运 算 符	描　述	比　较	结　果
==	等于	x==8	false
		x==5	true
!=	不等于	x!=8	true
>	大于	x > 8	false
<	小于	x < 8	true
>=	大于或等于	x >=8	false
<=	小于或等于	x <=8	true

（5）逻辑运算符：用来确定变量或值之间的逻辑关系。给定 x=6，y=3，表 7-6 所示为逻辑运算符及其使用方法。

表 7-6　逻辑运算符

运 算 符	描　述	例　子
&&	和	（x < 10&&y > 1）为 true
||	或	（x==5 || y==5）为 false
!	非	!（x==y）为 true

（6）运算符优先级：表达式中的运算符是有优先级的，优先级顺序一般是算术运算符 > 条件运算符 > 逻辑运算符，若不能确定优先级顺序时可以加括号使括号内的表达式优先执行。

7.2.5　语句

程序设计语言也是由一条条的语句构成，语句是完整执行一个任务的一行代码。语句和前面表达式的区别在于：语句是一个逻辑上独立的任务，而表达式是语句的组成部分。

建议每行写一条语句，在每行语句的结束加上分号“;”，以示这条语句的结束，不要在一条语句内强制断行。虽然分号不是必需的，但若是在一行书写多条语句必须加上分号。

1. 注释语句

可以添加注释对 JavaScript 进行解释，或者提高代码的可读性。另外，由于 JavaScript 不会执行注释，所以通过添加注释禁止某些代码的执行也是调试程序的一种手段。

（1）单行注释：以 // 开头，如本章的一些示例代码。

（2）多行注释：以“/*”开始，以“*/”结尾。下面的例子使用多行注释来解释代码。

```
/*
  下面的这些代码会输出
  一个标题和一个段落
*/
document.getElementById("myH1").innerHTML="欢迎来到我的主页";
document.getElementById("myP").innerHTML="这是我的第一个段落。";
```

2. 变量与常量定义语句

（1）定义变量与赋初值。在 JavaScript 中创建变量通常称为“声明”变量，使用 var 关键词来声明变量。

```
var carname;
```

声明变量之后，该变量是 undefined。如需向变量赋值，使用等号。

```
carname="Volvo";
```

更简洁的方法是在声明变量时对其赋值：

```
var carname="Volvo";
```

也可以在一条语句中声明很多变量。该语句以 var 开头，并使用逗号分隔变量即可。

```
var lastname="Doe",age=30,job="carpenter";
```

但如下的声明中 x、y 为 undefined，z 为 1。

```
var x,y,z=1;
```

（2）定义常量：const 用于声明一个或多个常量，声明时必须进行初始化，且初始化后值不可再修改，也不能被重新定义。用 const 声明常量可增加程序的可读性，便于维护。常量与变量的定义类似，只是只能定义和赋值一次，后面不能再进行修改和重新定义。

```
const PI=3.141592653589793;
PI=3.14;    //报错
PI=PI+10;   //报错
```

3．赋值语句

赋值语句的形式为“变量 = 表达式；”或者“变量 = 变量”或者“变量运算符”或者“运算符变量”。赋值语句的作用就是对变量进行计算或者把等号右侧表达式或变量的值赋给等号左侧的变量。

```
/* 以下代码实现变量 x 和 y 的值互换，假若 x=5,y=6，代码运行后变为 x=6,y=5。
直接写 "x=y;y=x;" 无法完成 x 和 y 的互换，需要用到一个中间变量 temp 作中转
*/
temp=x;   // 变量 x 的值赋给了 temp
x=y;      // 变量 y 的值被赋给了变量 x
y=temp;   // 变量 temp 的值被赋给了 y
```

4．函数（方法）语句

函数也称为方法，是完成一定功能的一段代码，JavaScript 有大量的全局函数，其内置的大量对象内也有大量的函数，用户也可以编写自己的函数。函数调用的形式为：函数名（函数参数 1，函数参数 2，…，函数参数 n）。例如：

```
alert("你好！");  // 全局函数，弹出提示框
Math.sin(10);     //Math 对象的 sin() 函数
document.getElementById("demo").innerHTML="你好！";  // 为 document 的 html 标签赋值
myFunction("John","Doe");  // 调用用户自己编写的函数
```

5．流程控制语句

程序的执行需要进行控制，也就是程序的流程控制，主要有三类控制语句：顺序语句、分支语句、循环语句。这三类语句的组合和多层次嵌套（比如循环语句中可以再有循环和分支语句）可以产生任意复杂的程序代码。三种控制流程的结构图如图 7-4 所示。

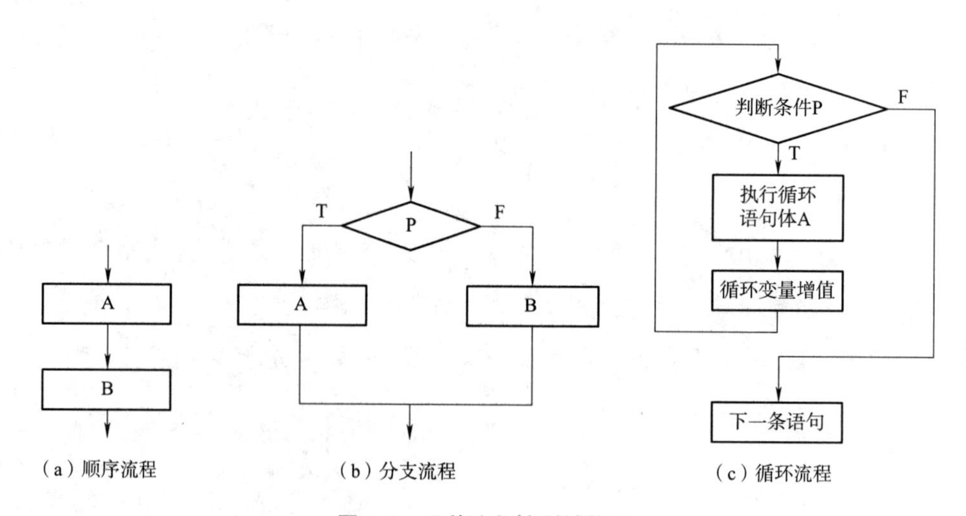

（a）顺序流程　（b）分支流程　（c）循环流程

图 7-4　三种流程控制结构图

JavaScript 中的流程控制语句包括 if 条件判断语句、for 循环语句、while 循环语句、do...while 循环语句、break 语句、continue 语句和 switch 语句 7 种语句。本章只讲其中几个主要的语句。

（1）顺序语句：它是最简单的程序结构，也是最基本的程序结构，执行顺序是自上而下逐条执行。上面的一条语句执行完了再执行下一条语句。如果没有遇到改变执行顺序的语句，那么语句将一直顺序执行。流程结构图如图 7-4（a）所示，A 语句执行完后执行 B 语句。

（2）分支语句：又称选择语句，是在两组语句中选择一组执行，如图 7-4（b）所示。根据条件 P 的判断，T 代表 True 条件表达式为真时选择执行 A 语句，F 代表 False 条件表达式为假时选择执行 B 语句，不可能同时执行。如果满足条件执行的不止一条语句，需要用一对大括号“{}”括起来组成语句块。JavaScript 中一般用如下几种 if 语句来实现。

- if 语句（一）。语法格式如下：

```
if (条件表达式) { 语句; }
```

例如：

```
var label=100;
if(label>50)  //显然 label>50 为真，执行下面的代码块
{
   alert( ‘label 大于 50’);
   alert( ‘我能被执行到！’);
}
```

- if 语句（二）。语法格式如下：

```
if (条件表达式) { 语句; }else{ 语句; }
```

例如：

```
var label=100;
if(label>50)
{
   alert('label 大于 50');  //条件为 true 时执行这个代码块
}
else
{
   alert('label 小于 50');  //条件为 false 时执行这个代码块
}
```

- if 语句（三）。语法格式如下：

```
if（条件表达式）{ 语句；}else if（条件表达式）{ 语句；}…else{ 语句；}
```

例如：

```
var label=60;
if(label>=100)          //如果分数为100输出甲
{
   alert('甲');
}
else if(label>=90)  //否则，如果分数大于或等于90输出乙
{
   alert('乙');
}else if(label>=80)  //否则，如果分数大于或等于80输出丙
{
   alert('丙');
}else if(label>=70)  //否则，如果分数大于或等于70输出丁
{
   alert('丁');
}else if(label>=60)  //否则，如果分数大于或等于60输出及格
{
   alert('及格');
}else  //如果以上都不满足，则输出不及格
{
   alert('不及格');
}
```

（3）循环语句：指反复执行某一段程序，直到控制循环的条件结束。循环语句的重点在于什么情况下执行循环，什么情况下退出循环。循环必须有结束的时候，也就是必须能够触发不满足循环的条件。当然，循环内要执行的代码块也是要考虑的。

图7-4（c）所示为一个典型的当循环结构图。执行时首先判断条件是否为真，若为真进入循环执行，若为假退出循环。

- while语句。例如：

```
var label=1;        //为label赋初值
//以下循环执行五次
while(label<=5)  //判断条件是否为真再执行下面的代码
{
   alert(label);
   label++;
}
```

- for语句：也是一种先判断后运行的循环语句，但它具有在执行循环之前初始变量和定义循环后要执行代码的能力。

```
/*第一步，声明变量 var laber=1; 第二步，判断 label<=5; 第三步，alert(label);
第四步，label++; 第五步，从第二步再来，直到判断为 false*/
for(var label=1;label<=5;label++)  //切记 label++ 后面不能加分号
{
   alert(label);
}
```

（4）break 和 continue 语句：用于在循环中精确地控制代码的执行。其中，break 语句会立即退出当前循环，然后执行循环体后面的语句。而 continue 语句退出当前循环，继续后面的循环。

```
for(var label=1;label<=10;label++)
{
   if(label==5)break;     //如果 label 是 5，就退出循环
   document.write(label);
   document.write('<br/>');
}
```

```
for(var label=1;label<=10;label++)
{
   if(label==5)continue;  //如果 laber 是 5，退出当前循环，转到开头进行下一个循环
   document.write(laber);
   document.write('<br/>');
}
```

7.2.6　函数（方法）

函数是结构化程序设计中重要的程序构造手段。类似数学中的函数，JavaScript 的函数就是完成一定功能的代码块，可以有参数和返回值。一次实现函数的功能后可以反复调用，减少了代码的重复。JavaScript 内置了大量的函数和对象的方法，用户也可以自定义函数并实现函数的功能。

模块之间的关系通过函数调用来实现。因此，结构化程序设计即是编写并识别一个个函数的过程，以及将一个个函数装配形成主函数的过程。一个程序包含一个主函数，一个函数可以调用若干个其他函数以完成相应的功能，也可以被另一个函数调用。

1. 全局函数

全局函数是系统内置函数，直接可以用函数名字进行调用，如 7.2.3 小节讲解的数据类型转换函数。常见的全局函数如表 7-7 所示。

表 7-7　全局函数

函　数	描　述
eval ( )	计算 JavaScript 字符串，并把它作为脚本代码来执行
isFinite ( )	检查某个值是否为有穷大的数
isNaN ( )	检查某个值是否是数字
Number ( )	把对象的值转换为数字
parseFloat ( )	解析一个字符串并返回一个浮点数
parseInt ( )	解析一个字符串并返回一个整数
String ( )	把对象的值转换为字符串

2. 对象方法

JavaScript 内置了大量的对象，对象的函数也称方法，如 Math 对象、Date 对象、BOM 对象等。调用形式为“对象名称 . 方法名称 (参数列表)”，如 Math.sin (10)。第 8 章对常用对象进行更详细的讲解。

3. 自定义函数

JavaScript 使用关键字 function 定义函数。函数可以通过声明定义，函数定义后并不马上执行，只有调用了才能执行。注意函数内部定义的变量为局部变量，只能在函数体内部使用；函数体外部定义的变量为全局变量，函数可以使用。函数定义的形式如下：

```
function functionName(parameters)
{
   var 变量； //局部变量，只能在函数体内使用
   执行的代码
}
```

实列代码如下：

```
function myFunction(a,b)  //定义了一个函数，返回两个参数的乘积，但并不马上执行
{
   return a*b;
}
alert(myFunction(4,3));  //执行函数，实际参数为 4 和 3，执行结果为 12
```

注意：

任何程序都是由前述三种流程控制结构及其嵌套（注意不能交叉）组合而成的，再加上函数的封装和调用（包括递归调用），便可以构造出任意复杂的程序。

案例 7-2　求 100 内的偶数之和。

本案例求自然数 1~100 内的偶数之和，主要思想是通过定义一个函数来判断一个整数

是否为偶数，然后用 for 循环选择 1~100 内的偶数累加。案例代码如下：

```
1  <!doctype html>
2  <html>
3  <head>
4    <meta charset="utf-8">
5    <title>求偶数之和</title>
6  <script>
7    function isEven(n)              //判断是否偶数
8    {
9        if(n%2==0)return true;   //若能被 2 除尽就是偶数
10       else return false;       //否则就是奇数
11   }
12</script>
13 </head>
14 <body>1
15 <script>
16     var sum=0;    //sum 清零
17     for(var i=1;i<=100;i++)
18       if(isEven(i))sum+=i;  //是偶数时才进行求和
19     alert(sum);  //输出结果
20 </script>
21 </body>
22 </html>
```

程序运行结果如图 7-5 所示。

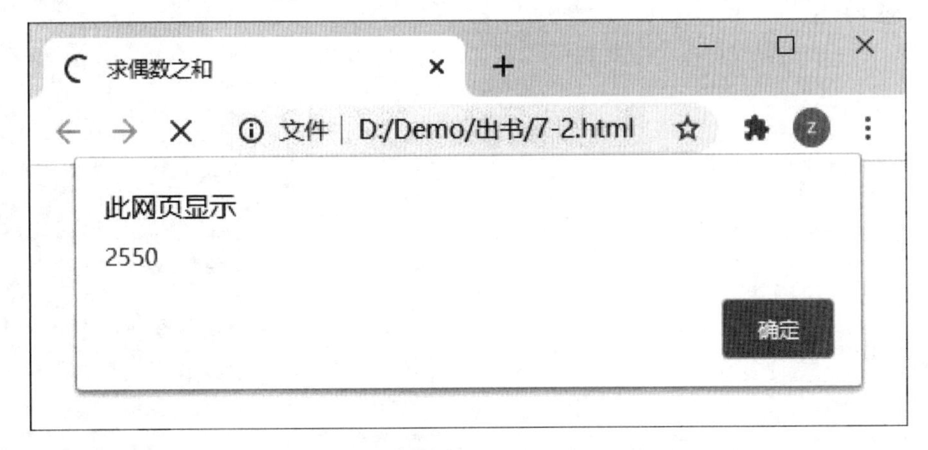

图 7-5　求 100 以内的偶数之和

7.3　在浏览器中调试程序

程序编制完毕后运行结果可能达不到预期的目的或者产生了错误，这就需要对程序进行调试。错误分为语法错误和逻辑错误，语法错误可以借助集成开发环境进行修正（建议使用 WebStorm 开发环境调试 JavaScript 程序），比如关键字 if 写错了会给出提示，所以语法错误很容易被改正。而大量的和难以修改的错误是逻辑错误，这类错误是程序员的思考不严密引入的，需要借助调试工具监控程序的运行流程，观察中间变量等手段才能发现。故此，调试程序就是对程序逐行改正错误，以达到尽善尽美的过程。

Chrome 是 Google 出品的一款非常优秀的浏览器，其内置了开发者工具（Windows 系统中按下【F12】键即可开启），可以让用户方便地对 JavaScript 代码进行调试。

7.3.1 开发者（调试）模式

启动 Chrome 浏览器，在英文模式下按【F12】键即可进入开发者模式。或者按照如下操作进入开发者模式：

（1）单击谷歌浏览器右上方的 3 个点的图标，打开一个命令菜单。

（2）找到菜单下方的“更多工具”，单击“更多工具”打开二级菜单。

（3）在二级菜单中选择“开发者工具”命令，启动开发者模式。

开发者模式如图 7-6 所示。

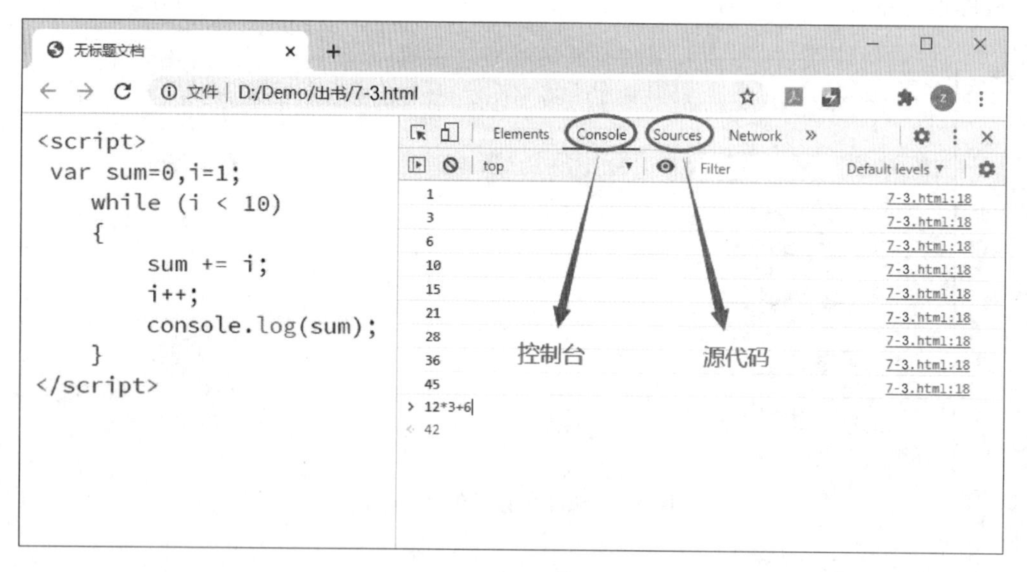

图 7-6　开发者模式

在图 7-6 中，左侧是 JavaScript 代码，右侧是开发者模式窗口，顶层的命令面板只选择 Console 和 Sources 两个进行讲解。Console 是控制台命令窗口，可以将代码 console.

log ( ) 的运行结果显示出来。这就能在调试模式下把要观察的变量进行输出。控制台命令窗口中也可以在符号“>”后直接输入变量定义或表达式，但变量定义不能有 var 关键字。

7.3.2　监控变量

本节以具体的案例讲解代码调试。

案例 7-3　计算自然数 1~10 的和。

案例源代码如下：

```
1  <!doctype html>
2  <html>
3  <head>
4    <meta charset="utf-8">
5    <title>10 以内整数的和 </title>
6  </head>
7  <body>
8    <script>
9      var sum=0,i=1;
10     while(i<10)
11     {
12       sum+=i;
13       i++;
14     }
15     alert(sum);
16   </script>
17 </body>
18 </html>
```

1+2+3+…+10=55，但程序的运行结果为 45，需要调试程序找到错误的原因。图 7-7 所示为调试代码的窗口，需要单击 Sources 调出源代码调试窗口，单击 Watch 展开，再单击“+”符号添加需要监控的变量，然后通过单击弧形右箭头图标一步步执行代码、观察变量。

1. 设置断点

设置了断点后，程序运行到断点处就终止运行，等待用户手动控制执行。把光标停留在代码区的第 13 行代码，单击行号 13，设置了断点在第 13 行代码处，然后单击 Watch，添加两个观察变量 i 和 sum，刷新浏览器后界面如图 7-8 所示。刷新浏览器保证了程序重新执行并停止到断点。

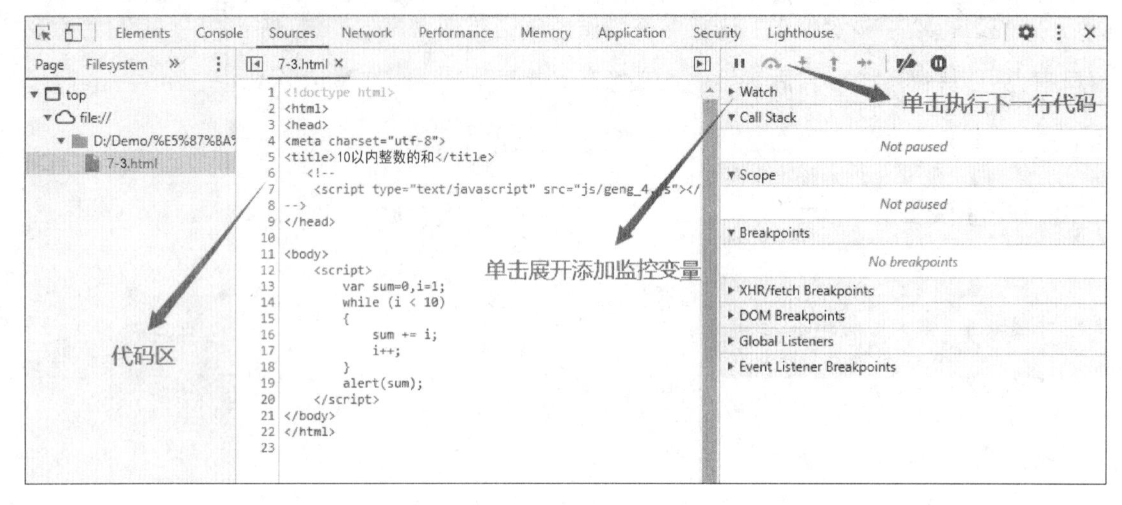

图 7-7　代码调试窗口

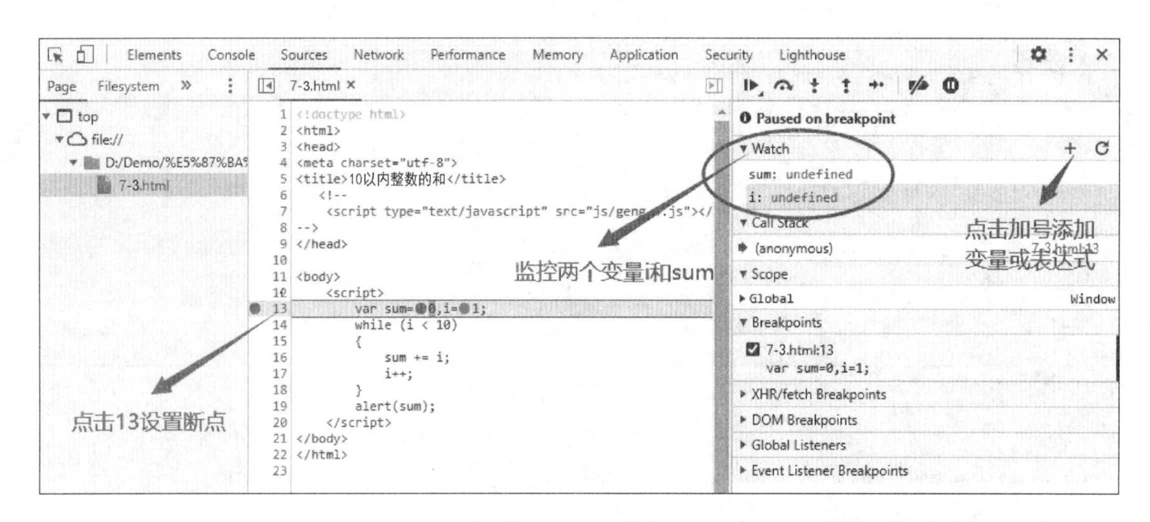

图 7-8　添加断点和监控变量

2. 观察监控变量的值

单击弧形右箭头图标一步步执行代码，观察 i 和 sum 的值。等 i=10，sum=45 的时候退出 while 循环，并没有执行 sum +=10，如图 7-9 所示。

这样就发现了程序问题的所在，即循环次数不够。所以，只要将 while< 10 修改为 while<=10 或者 while<11 即可。程序的错误通过调试得以发现，最后清除断点关闭调试模式。清除断点的方法很简单，在断点的行标处右击弹出快捷菜单，选择 Remove breakpoint 命令即可。

设计网页外观可以看作是为了追求美的艺术设计，而编写 JavaScript 代码则是科学严谨的工程，尤其调试程序更需要一丝不苟的精神。所以，学习网页设计与编程可以看作是艺术与工程融合的过程。

图 7-9 观察程序一步步执行

小 结

本章讲解了 JavaScript 编程语言的基本知识和运行机制。要求读者掌握该语言的关键字、常用语句、流程控制与函数等功能。另外，掌握嵌入 JavaScript 代码到 HTML 文件的方法，以及在浏览器环境下对程序代码的调试技巧。

习 题

一、判断题

1. JavaScript 的变量不区分大小写。 ( )
2. 常量定义之后可以在运行过程中被重新赋值。 ( )
3. 1a、abc、_xy、$ab 都是合法的变量标识符。 ( )
4. 函数内定义的变量函数外面也可以使用。 ( )
5. 调试程序的目的是为了发现和改正错误。 ( )
6. var x，y，z=1；将 x、y 和 z 都赋初值为 1。 ( )
7. s="I" love "you"；这条字符串赋值语句错误。 ( )

二、选择题

1. 在浏览器中显示字符串“Hello world”的正确的 JavaScript 代码是（ ）。

   A. document.write（"Hello world"）; B. "Hello world"

   C. （"Hello world"） D. alert（"Hello world"）;

2. 下列判断语句中，正确的是（　　）。

A. if（x=0）　　B. if（x=0）then　　C. if（x==0）　　D. IF（x==0）

3. 下列 for 循环中，正确的语句是（　　）。

A. for（i=1; i < 10; i++; ）　　B. for（i=1; i < 10; i++）

C. for（i==1; i <=10; i++）;　　D. for（i=1; i < 10; i++）;

4. 下列条件表达式中，返回 false 的是（　　）。

A. （3 < 4）　　B. （2 > 1&&3 > 2）

C. （1 < 2 || 1 < 3）　　D. !（1 > 2）

5. 下列引入 JavaScript 代码的方式中，推荐的是（　　）。

A. 嵌入式　　B. 行内式　　C. 外链式　　D. 导入式

三、编程题

1. 编程计算 1~100 内所有自然数的和。

2. 计算出 100 以内自然数中的所有素数之和，要求使用自定义函数编程。（提示：素数就是除了 1 和其本身之外没有可以除得尽的整数，2 是最小素数，3、5、7 都是素数。可以将判断一个数是否为素数的代码设计成函数）

第 8 章 网页对象的 JavaScript 编程

通过第 7 章的学习，学到了如何在网页中编写最基本的 JavaScript 程序，本章学习 JavaScript 的高级功能，即通过 JavaScript 操控 HTML 的标签和 CSS 样式等元素，真正实现动态控制网页，也就实现了动态网页设计。

现实世界中的任何事物都可以看成对象，例如，有两个学生分别叫张三和李四，他们是两个不同的个体，但是都具有共同的属性，如学号、姓名、性别、身高、体重等，都能完成一定的行为，如回答问题、能够选课上课等。在程序设计语言中称这些属性和行为分别为对象的属性和方法。

对象都有一些共有方法如 new 用来创建对象，这也是对象使用和普通数据类型使用不同的地方。引用对象属性的形式是：对象名字 . 属性名称；调用对象方法的形式是：对象名字 . 方法名称 ( )，即使没有参数，括号也是必需的。

8. 1 JavaScript 常用对象

8.1.1 Date 对象

Date 对象用于处理日期与时间。以下 4 种方法同样可以创建 Date 对象，括号内是相应的参数。

```
var d=new Date();
var d=new Date(milliseconds);
var d=new Date(dateString);  //比如参数("October 13,1975 11:13:00")
var d=new Date(year,month,day,hours,minutes,seconds,milliseconds);
```

Date 对象常用的方法和描述如表 8-1 所示。

表 8-1　Date 对象常用的方法和描述

方　法	描　述
getDate ( )	从 Date 对象返回一个月中的某一天（1～31）
getDay ( )	从 Date 对象返回一周中的某一天（0～6）
getFullYear ( )	从 Date 对象以四位数字返回年份
getHours ( )	返回 Date 对象的小时（0～23）
getMilliseconds ( )	返回 Date 对象的毫秒（0～999）
getMinutes ( )	返回 Date 对象的分钟（0～59）
getMonth ( )	从 Date 对象返回月份（0～11）
getSeconds ( )	返回 Date 对象的秒数（0～59）
getTime ( )	返回 1970 年 1 月 1 日至今的毫秒数

以下代码演示了如何显示当前的时分秒。

```
var today=new Date();
var h=today.getHours();
var m=today.getMinutes();
var time=h+"时"+r+"分";  //自动将h和r转换为字符串然后参与运算
console.log(time);
```

8.1.2　Math 对象

Math 对象用于执行数学任务。Math 对象并不像 Date 和 String 那样是对象的类，因此没有构造函数 Math ( )。常用的方法和描述如表 8-2 所示。

表 8-2　Math 对象常用的方法和描述

方　法	描　述
ceil（x）	对数进行上舍入
floor（x）	对 x 进行下舍入
log（x）	返回数的自然对数（底为 e）
max（x，y，z，…，n）	返回 x，y，z，…，n 中的最大值
min（x，y，z，…，n）	返回 x，y，z，…，n 中的最小值
pow（x，y）	返回 x 的 y 次幂

续表

方　法	描　述
random（）	返回［0，1）之间的随机数（包括 0 但不包括 1）
round（x）	四舍五入
sqrt（x）	返回数的平方根

以下代码将取得介于 1~10 之间的一个随机整数。

```
Math.floor((Math.random()*10)+1);
```

以下函数返回 min（包含）到 max（不包含）之间的数字。

```
function getRndInteger(min,max)
{
   return Math.floor(Math.random()*(max-min))+min;
}
```

8.1.3　String 对象

String 对象用于处理文本（字符串）。String 对象创建方法：var txt=new String（"string"）；更简单的方式：var txt="string"。表 8-3 所示为 String 常用的属性和方法。

表 8-3　String 对象的常用属性和方法

常用属性和方法	描　述
length	属性而非方法，字符串的长度
charAt（）	返回在指定位置的字符
concat（）	连接两个或更多字符串，并返回新的字符串
indexOf（）	返回某个指定的字符串值在字符串中首次出现的位置
includes（）	查找字符串中是否包含指定的子字符串
slice（）	提取字符串的片断，并在新的字符串中返回被提取的部分
split（）	把字符串分割为字符串数组
startsWith（）	查看字符串是否以指定的子字符串开头
substr（）	从起始索引号提取字符串中指定数目的字符
substring（）	提取字符串中两个指定的索引号之间的字符
toLowerCase（）	把字符串转换为小写
toUpperCase（）	把字符串转换为大写
trim（）	去除字符串两边的空白
toString（）	返回一个字符串

使用位置（索引）可以访问字符串中的任何字符。字符串的索引从零开始，所以字符串第一字符为［0］，第二个字符为［1］，等等。假若 carname="Volvo XC60"，则 carname［0］的值为“V”。

下面的代码演示了使用 indexOf（ ）来定位字符串中某一个指定的字符首次出现的位置。

```
var str="Hello world,welcome to the universe.";
var n=str.indexOf("welcome");  //运行结果 n=13
```

8.1.4 Array 数组对象

1. 一维数组

如果有一组数据（如车名字）有 300 个，若引用这些数据需要 300 个变量是非常不便的，故此引入了数组对象。Array 对象是使用单独的变量名来存储一系列的值（也称元素），然后使用变量索引的方式引用数据。数组定义方式主要有如下两种：

```
var myCars=new Array("Saab","Volvo","BMW");  //使用 new 关键字，用的是圆括号
var myCars=［"Saab","Volvo","BMW"］;          //简洁方式，用的是中括号
```

访问数组元素的方式就是通过指定数组名以及索引号码，索引从 0 开始，第一个数组元素的索引值为 0，第二个索引值为 1，依此类推。可以访问某个特定的元素。

```
var name=myCars［0］;  //访问 myCars 数组的第一个值
var name=myCars［2］;  //访问 myCars 数组的第三个值，也是最后一个元素
```

值得注意的是：JavaScript 中数组的元素类型可以不一致，如有的数据是整数，有的可能是实数，甚至有的可以是字符串。这和一些程序设计语言要求数组中数据类型一致是不同的。

表 8-4 所示为 Array 对象的常用属性和方法。

表 8-4　Array 对象的常用属性和方法

属性和方法	描　述
length	设置或返回数组元素的个数
concat（）	连接两个或更多的数组并返回结果
copyWithin（）	从数组的指定位置复制元素到数组的另一个指定位置
fill（）	使用一个固定值来填充数组
filter（）	检测数值元素并返回符合条件所有元素的数组

续表

属性和方法	描　述
find()	返回符合传入测试（函数）条件的数组元素
includes()	判断一个数组是否包含一个指定的值
indexOf()	搜索数组中的元素，并返回它所在的位置
isArray()	判断对象是否为数组
join()	把数组的所有元素放入一个字符串
keys()	返回数组的可迭代对象，包含原始数组的键（key）
lastIndexOf()	搜索数组中的元素，并返回它最后出现的位置
pop()	删除数组的最后一个元素并返回删除的元素
push()	向数组的末尾添加一个或更多元素，并返回新的长度
reverse()	反转数组的元素顺序
shift()	删除并返回数组的第一个元素
slice()	选取数组的一部分，并返回一个新数组
sort()	对数组的元素进行排序
splice()	从数组中添加或删除元素
toString()	把数组转换为字符串，并返回结果
valueOf()	返回数组对象的原始值

2. 二维数组

二维数组就是数组中的数组，即一维数组中的元素仍然是数组，也可以理解为一个二维矩阵，行数就是一维数组的元素数，列数就是每个一维数组元素的数据个数。下面是几种定义二维数组的方法。

```
var a1= [ [1,2] , [a,b]];
alert(a1 [1] [0] );                    //输出结果为 a
var a2=new array(new array(1,2),new array("a","b"));
var a3=new array( ["a1","a2","a3"] , ["b1","b2","b3"] );  //2行3列
/输出二维数组元素的值
for(i=0;i<a3.length;i++)
{
   for(j=0;j<a3 [i].length;j++)  //循环内套循环，实现了二维循环
   {
     document.write(a3 [i] [j] );
     document.write('');
   }
   document.write('<br>');             //强制换行
}
```

3. 数组方法例子

（1）数组排序：

```
/* 数值升序排列，若 returnb-a 则降序排列 */
var points=[40,100,1,5,25,10];
points.sort(function(a,b){return a-b});
console.log(points);  //输出为：[1,5,10,25,40,100]
/* 以下为字符串排序 */
var fruits=["Banana","Orange","Apple","Mango"];
fruits.sort();  //字符串排序，升序
console.log(fruits);  //输出：["Apple","Banana","Mango","Orange"]
fuits.revease();       //数组中的元素的顺序反转排序
console.log(fruits);  //输出：["Orange","Mango","Banana","Apple"]}
```

（2）查找元素在数组中的索引值：

```
var fruits=["Banana","Orange","Apple","Mango"];
var a=fruits.indexOf("Apple");  //在整个数组中查找,a 的值为 2
a=fruits.indexOf("Apple",1);    //从数组中第 2 个位置查找,a 的值仍然为 2
a=fruits.indexOf("Apple",3);    //从数组中第 4 个位置查找，找不到时返回值 -1
```

数组的索引从 0 开始，若引用数组元素的索引超出了数组的范围就称为越界，如一个 5 个元素的数组，索引值最大为 4，若写 5 就会报错。

8.1.5 BOM 对象

浏览器对象模型（Browser Object Model，BOM）使 JavaScript 有能力与浏览器进行交互，也就是编程控制浏览器。该模型共包括 window（窗口）、navigation（浏览器）、screen（屏幕）、location（地址）、history（历史）和 document（文档）等对象。它们的层次机构如图 8-1 所示，其他 5 个对象都是 window 对象的子对象。

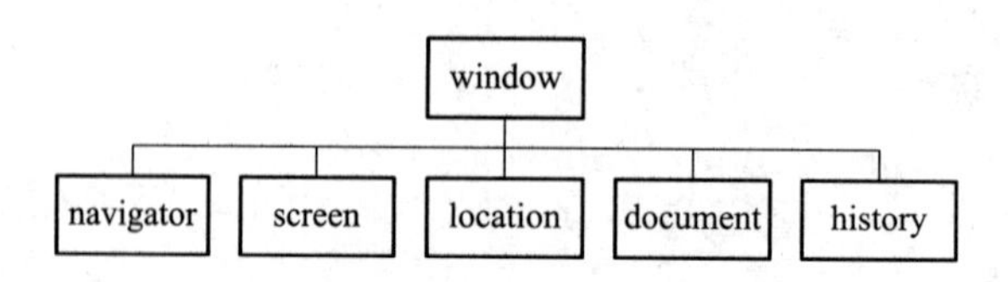

图 8-1 BOM 对象模型和层次结构

其主要对象介绍如下：

1. window 对象

所有浏览器都支持 window 对象，它表示浏览器窗口。所有 JavaScript 全局对象、函

数，以及变量均为 window 对象的成员。但在调用其属性和方法时可以省略“window.”，如 window.alert（ ）；直接可以写成“alert（ ）”。表 8-5 列出了 window 对象的常用属性和方法。

表 8-5　window 对象的常用属性和方法

属性和方法	描　述
screenLeft，screenTop	获取浏览器窗口相对于屏幕的坐标
innerHeight，innerWidth	获取浏览器窗口文档显示区的大小
moveTo ( )	以屏幕左上角为基准，移动窗口到指定位置
alert ( )	一个参数，仅显示警告对话框的消息，无返回值
confirm ( )	一个参数，确认对话框，显示提示对话框的消息，“确定”按钮和“取消”按钮，单击“确定”按钮返回 true，单击“取消”按钮返回 false，因此与 if...else 语句搭配使用
prompt ( )	两个参数，输入对话框，用来提示用户输入一些信息，单击“取消”按钮则返回 null，单击“确定”按钮则返回用户输入的值，用于收集用户输入的信息
open ( )	打开一个新的窗口，参数为 url
close ( )	关闭当前窗口
setTimeout ( )	在指定的毫秒数后调用函数或计算表达式
clearTimeout ( )	取消由 setTimeout ( ) 方法设置的 timeout
setInterval ( )	在指定的周期（以毫秒计数）反复调用函数或计算表达式
clearInterval ( )	取消由 setInterval ( ) 设置的 timeout

一些代码示例如下：

```
window.open("http://www.163.com/");  //打开一个网易窗口
varnewWin=window.open("new.html");   //打开一个窗口并赋予一个变量，以便关闭
newWin.close();  //关闭刚才的窗口
window.close();  //关闭当前代码所在的窗口
//浏览器窗口（不包括工具栏和滚动条）的宽度和高度
var w=window.innerWidth
||document.documentElement.clientWidth
||document.body.clientWidth;
var h=window.innerHeight
||document.documentElement.clientHeight
||document.body.clientHeight;
alert("浏览器内窗宽度:"+w+",高度:"+h+"。";);
```

2. screen 对象

screen 对象包含有关客户端显示屏幕的信息，如表 8-6 所示。

表 8-6　screen 对象的常用属性

属　性	说　明
availHeight	返回屏幕的高度（不包括 Windows 任务栏）
availWidth	返回屏幕的宽度（不包括 Windows 任务栏）
height	返回屏幕的总高度
width	返回屏幕的总宽度

3. history 对象

history 对象包含用户（在浏览器窗口中）访问过的 URL。表 8-7 列出了 history 对象的常用属性和方法。

表 8-7　history 对象的常用属性和方法

属性和方法	说　明
length	返回历史列表中的网址数
back ( )	加载 history 列表中的前一个 URL
forward ( )	加载 history 列表中的下一个 URL
go ( )	加载 history 列表中的某个具体页面，参数可以是数字（-1 上一个页面，1 前进一个页面）或 URL，或 URL 列表中的相对位置

4. location 对象

location 对象包含有关当前 URL 的信息。表 8-8 所示为 location 对象的常用属性和方法。

表 8-8　location 对象的常用属性和方法

属性和方法	描　述
host	返回一个 URL 的主机名和端口
hostname	返回 URL 的主机名
href	返回完整的 URL
pathname	返回的 URL 路径名
protocol	返回一个 URL 协议
search	返回一个 URL 的查询部分
assign ( )	载入一个新的文档
reload ( )	重新载入（刷新）当前文档
replace ( )	用新的文档替换当前文档

5. navigator 对象

navigator 对象包含有关浏览器的信息。其常用属性和方法如表 8-9 所示。

表 8-9　navigator 对象的常用属性和方法

属性和方法	说　明
appCodeName	返回浏览器的代码名
appName	返回浏览器的名称
appVersion	返回浏览器的平台和版本信息
cookieEnabled	返回指明浏览器中是否启用 cookie 的布尔值
platform	返回运行浏览器的操作系统平台
userAgent	返回由客户机发送服务器的 user-agent 头部的值
avaEnabled ( )	指定是否在浏览器中启用 Java

6. document 对象

当浏览器载入 HTML 文档时，它就会成为 document 对象。document 对象是 HTML 文档的根节点。document 对象能够对 HTML 页面中的所有元素进行访问，表 8-10 所示为 document 对象的常用属性和方法。

表 8-10　document 对象的常用属性和方法

属性或方法	说　明
body	返回文档的 body 元素
lastModified	返回文档被最后修改的日期和时间
referrer	返回载入当前文档的文档的 URL
title	返回当前文档的标题
write ( )	向文档写 HTML 表达式或 JavaScript 代码
writeln ( )	等同于 write ( ) 方法，不同的是在每个表达式之后写一个换行符

8.1.6　DOM 对象

HTML DOM (Document Object Model) 文档对象模型中，HTML 文档中的所有内容都是节点，主要有如下特点。图 8-2 所示为一个 HTML 文档的实例树图。

（1）文档本身就是一个文档对象。

（2）所有 HTML 元素都是元素节点。

（3）所有 HTML 属性都是属性节点。

（4）插入到 HTML 元素文本是文本节点。

（5）注释是注释节点。

（6）整个 HTML 文档是一个树状层次图。

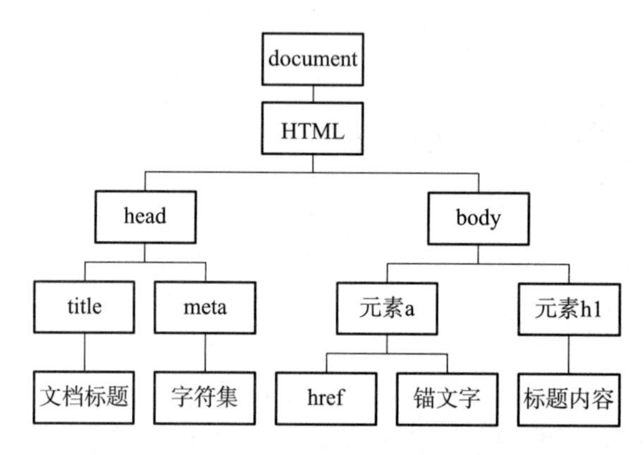

图 8-2　HTML DOM Tree 实例

通过 HTML DOM，树中的所有节点均可通过 JavaScript 进行访问。所有 HTML 元素（节点）均可被修改，也可以创建或删除节点。

1. 访问节点

HTML 文档是一个节点树，包括上方的父节点、下方的子节点。表 8-11 所示为 document 对象常用的节点属性。

表 8-11　document 对象常用的节点属性

属　性	描　述
firstChild	返回的第一个子节点
lastChild	返回的最后一个子节点
nodeName	返回元素的标记名（大写）
nodeValue	返回元素的节点值
childNodes	返回元素的一个子节点的数组
tagName	作为一个字符串返回某个元素的标记名（大写）
parentNode	返回元素的父节点
nextSibling	返回该元素紧跟的一个节点
previousSibling	返回某个元素紧接之前元素

示例代码如下：

```
1  <!doctype html>
2  <html>
3    <head>
4      <meta charset="utf-8">
5      <title> 无标题文档 </title>
6    </head>
7    <body>
8      <ul>
9        <li>HTML</li>
10       <li>CSS</li>
11       <li>JavaScript</li>
12     </ul>
13   </body>
14 </html>
15 <script>
16   var elem=document.lastChild;   // 找到 <html> 标记
17   elem=elem.lastChild;           // 找到 <body> 标记
18   elem=elem.childNodes [1] ;     // 找到 <ul> 标记
19   elem=elem.childNodes [1] ;     // 找到第一个 <li> 标记
20   elem.style.fontWeight="bold"; // 使第 9 行的 HTML 以粗体显示
21 </script>
```

2. 操作节点元素对象

元素对象就是 HTML 标记，表 8-12 所示为元素对象的常用操作类型和方法。

表 8-12　元素对象的常用操作类型和方法

类　型	方　法	描　述
访问指定节点	getElementsByClassName ( )	返回文档中所有指定类名的元素集合，作为 NodeList 对象
	getElementById ( )	返回对拥有指定 id 的第一个对象的引用
	getElementsByName ( )	返回带有指定名称的对象集合
	getElementsByTagName ( )	返回带有指定标签名的对象集合
创建节点	createElement ( )	创建元素节点
	createTextNode ( )	创建文本节点
节点操作	appendChild ( )	为元素添加一个新的子元素
	insertBefore ( )	现有的子元素之前插入一个新的子元素
	removeChild ( )	删除一个子元素

示例代码如下：

```
1  <!doctype html>
2  <html>
3    <head>
4      <meta charset="utf-8">
5      <title>无标题文档</title>
6    </head>
7    <body>
8      <ul>
9        <li>HTML</li>
10       <li>CSS</li>
11       <li id="js">JavaScript</li>
12     </ul>
13   </body>
14 </html>
15 <script>
16   var elem=document.getElementById("js");  //找到<li id="js">的标记
17   elem.style.fontWeight="bold";  //使第11行的JavaScript以粗体显示
18   </script>
```

3. 操作元素属性和内容

除了节点操作，还具有一些属性和内容的操作方法，如表 8-13 所示。

表 8-13　元素属性和内容的常用操作

元素内容	innerHTML	设置或者返回元素的内容
样式属性	className	设置或返回元素的 class 属性
	style	设置或返回元素的样式属性
位置属性	offsetWidth，offsetHeight	元素的宽度和高度（不含滚动条）
	scrollWidth，scrollHeight	元素的宽度和高度（含滚动条）
	offsetLeft，offsetTop	当前元素的相对水平和垂直偏移位置
	scrollLeft，scrollTop	元素在网页中的坐标
属性操作	getAttribute()	返回指定元素的属性值
	setAttribute()	设置或者改变指定属性并指定值
	removeAttribute()	从元素中删除指定的属性

示例代码如下：

```
1  <!doctype html>
2  <html>
3    <head>
4      <meta charset="utf-8">
5      <title>无标题文档</title>
```

```
6     </head>
7     <body>
8       <h1 id="g1"></h1>
9     </body>
10 </html>
11 <script>
12    var elem=document.getElementById("g1");  //找到<li id="js">的标记
13    elem.innerHTML="JavaScript 程序设计 ";       //使 h1 标签有了具体的内容
14    elem.setAttribute("style","font-size:12 px;color:red;");  //设置 h1 的新属性
15 </script>
```

4. 操作样式

操作样式可以通过“style. 属性名称”的方式操作，但由于 CSS 和 JavaScript 的标识符命名规则不同，这里操作样式的名称要把 CSS 样式中的横线“-”去除并将横线后面单词的首字母要大写，如 backgound-color 改为 backgroundColor。表 8-14 所示为 style 属性中常用的 CSS 样式。

表 8-14　style 属性中常用的 CSS 样式

属　性	说　明
background	设置或返回元素的背景属性
backgroundColor	设置或返回元素的背景色
display	设置或返回元素的显示类型
height	设置或返回元素的高度
left	设置或返回元素的左侧坐标
listStyleType	列表项标记的类型
overflow	溢出处理方式
textAlign	文本对齐方式
textDecoration	文本下画线
width	设置或返回元素的宽度
textIndent	设置或返回首行缩进

示例代码如下：

```
1  <!doctype html>
2  <html>
3    <head>
4      <meta charset="utf-8">
5      <title>无标题文档</title>
6    </head>
```

```
7    <body>
8      <h1 id="g1"></h1>
9    </body>
10 </html>
11 <script>
12    var elem=document.getElementById("g1");  //找到<li id="js">的标记
13    elem.innerHTML="JavaScript程序设计";       //使h1标签有了具体的内容
14    elem.style.backgroundColor="#ff0000";     //使h1标签背景色为红色
15    document.body.style.backgroundColor ="#00ff00";  //使浏览器的背景色为蓝色
16 </script>
```

只有获取了 HTML 或 CSS 的元素才能对齐进行操作，有的属性只能引用，若要修改只能使用相关的方法。故此，只有熟练掌握 DOM 对象才能编程操作 HTML 和 CSS 元素。

8.2　事件驱动的程序设计

传统上程序的执行是逐行执行，但这样的程序运行模式缺少了互动。事件驱动的程序设计便应运而生。此种模式的程序运行流程是由用户的动作（如鼠标的按键、键盘的按键动作）或者是由其他程序的消息（如计时器消息）来决定的。

8.2.1　事件驱动的工作流程

所谓事件，可以简单理解为一些用户的动作，如点击鼠标、键盘输入、手触屏幕等；还有一些硬件产生的时钟消息、程序内部通信和发的消息等也可以称为事件。浏览器检测到一个事件时，就可以启动关联的函数或方法。事件处理的过程通常分为三步：

（1）发生事件。

（2）启动事件处理。

（3）事件处理程序做出响应。

因此，用户需要做的就是设计好事件处理程序，当事件发生时调用事件处理程序。调用事件处理程序的方法主要有两个：

1. HTML 中调用

在 HTML 标记中添加相应的事件，并加上要执行的代码或函数名。语法形式为：

```
<element onclick="SomeJavaScriptCode">
```

具体代码如下：

```
<button onclick="alert('Hello!')">Click me</button><!-- 在按钮上单击弹出一个提示框 -->
```

2. JavaScript 中调用

在 JavaScript 代码中调用事件处理程序，首先需要对象的引用，然后将事件处理函数直接赋值给对应的事件。

案例 8-1　用 JavaScript 代码调用事件驱动程序。

本案例演示如何用 JavaScript 代码的形式来调用事件驱动程序，当单击按钮时弹出提示框。案例源代码如下：

```
1  <!DOCTYPE html>
2  <html>
3  <head>
4    <meta charset="UTF-8">
5    <title>JavaScript 编程 </title>
6  </head>
7  <body>
8    <button id="btn"> 点击按钮 </button>
9  </body>
10 </html>
11 <script>
12   var cmdBtn=document.getElementById("btn");
13   btn.onclick=function()
14   {
15       alert("JavaScript 程序设计 ")
16   }
17 </script>
```

程序运行结果如图 8-3 所示。

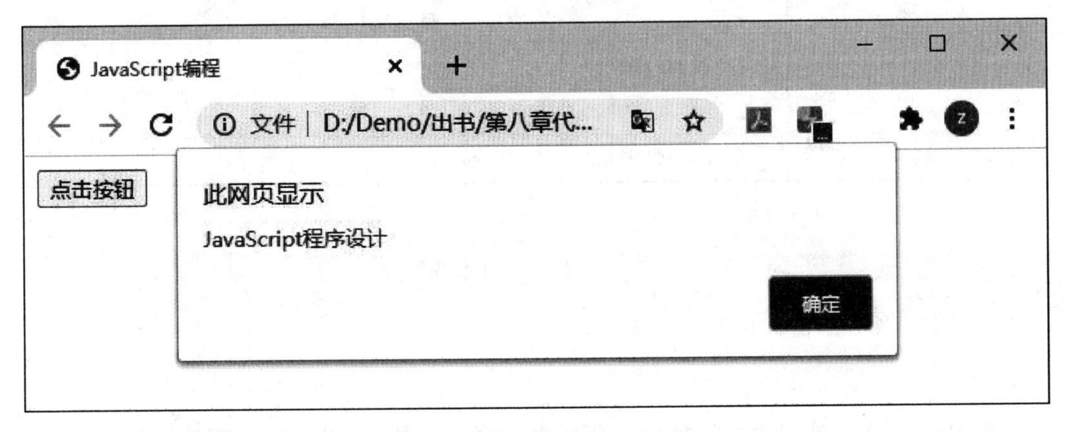

图 8-3　用 JavaScript 代码调用事件驱动程序

8.2.2 鼠标事件

鼠标操作触发的事件就是鼠标事件。表 8-15 所示为常见的鼠标事件。

表 8-15 常见的鼠标事件

事 件	描 述
onclick	当用户点击某个对象时调用的事件句柄
oncontextmenu	在用户点击鼠标右键打开上下文菜单时触发
ondblclick	当用户双击某个对象时调用的事件句柄
onmousedown	鼠标按钮被按下
onmouseenter	当鼠标指针移动到元素上时触发
onmouseleave	当鼠标指针移出元素时触发
onmousemove	鼠标被移动
onmouseover	鼠标移到某元素之上
onmouseout	鼠标从某元素移开
onmouseup	鼠标按键被松开

8.2.3 键盘事件

键盘事件是指用户在键盘上按键触发了案件事件。常用的键盘事件如表 8-16 所示。

表 8-16 常用的键盘事件

事 件	描 述
onkeydown	某个键盘按键被按下
onkeypress	某个键盘按键被按下并松开
onkeyup	某个键盘按键被松开

8.2.4 表单事件

表单事件是对表单控件进行操作时所触发的事件，如提交表单之前的验证。常用的表单事件如表 8-17 所示。

表 8-17　常用的表单事件

事　件	描　述
onblur	元素失去焦点时触发
onchange	该事件在表单元素的内容改变时触发（<input>、<keygen>、<select> 和 <textarea>）
onfocus	元素获取焦点时触发
onfocusin	元素即将获取焦点时触发
onfocusout	元素即将失去焦点时触发
oninput	元素获取用户输入时触发
onreset	表单重置时触发
onsearch	用户向搜索域输入文本时触发（<input="search">）
onselect	用户选取文本时触发（<input> 和 <textarea>）
onsubmit	表单提交时触发

8.2.5　页面事件

网页加载是按照代码从上到下依次进行的。因此，JavaScript 代码处理 DOM 元素时要确保在前面已经出现过，即已经加载，否则就会触发页面错误事件。表 8-18 所示为常用的页面事件。

表 8-18　常用的页面事件

事　件	描　述
onabort	页面或图像的加载被中断
onbeforeunload	该事件在即将离开页面（刷新或关闭）时触发
onerror	在加载文档或图像时发生错误
onload	一张页面（（包括图片、CSS 文件等）完成加载
onpageshow	该事件在用户访问页面时触发
onpagehide	该事件在用户离开当前网页跳转到另外一个页面时触发
onresize	窗口或框架被重新调整大小
onscroll	当文档被滚动时发生的事件
onunload	用户退出页面

8.3 案　　例

案例 8-2　显示时钟。

本案例在页面上实时显示时钟。主要的知识点有计时器、时间对象、HTML 元素等。案例源代码如下：

```
1  <!DOCTYPE html>
2  <html lang="en">
3  <head>
4    <meta charset="UTF-8">
5    <title>显示时钟</title>
6  </head>
7  <body>
8    <p>显示当前时间:</p>
9    <p id="demo"></p>
10   <button onclick="myStopFunction()">停止时间</button>
11   <script>
12     var myVar=setInterval(myTimer,1000);  //每秒调用函数一次
13     function myTimer(){
14     var d=new Date();
15     var t=d.toLocaleTimeString();
16     document.getElementById("demo").innerHTML=t;  //将p标签显示为时间
17   }
18     function myStopFunction(){
19     clearInterval(myVar);  //停止时钟显示
20   }
21   </script>
22 </body>
23 </html>
```

程序运行结果如图 8-4 所示。

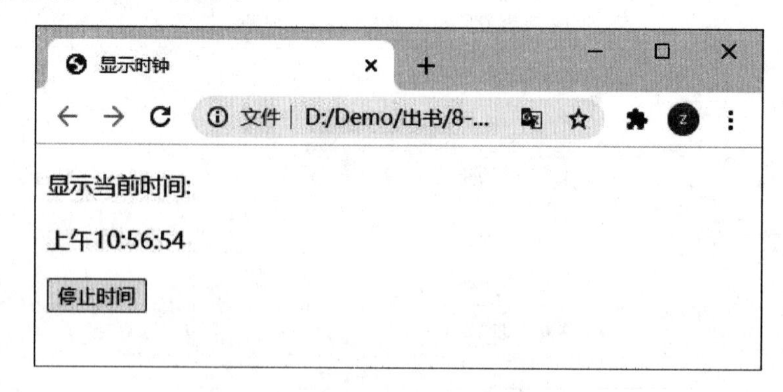

图 8-4　页面显示即时时间

案例 8-3　判断成绩。

本案例根据输入的分数来进行成绩判断。要求输入的数据是 0~100 之间的数字，输出的结果分别是不及格、及格、中、良及优等档次。主要知识点有前期界面设计、表单验证、分支语句、判断是否为数值类型数据等，输入 90 则弹出优秀的提示框。案例源代码如下：

（1）HTML 代码：

```
1  <!doctype html>
2  <html>
3    <head>
4      <meta charset="utf-8">
5      <title>判断成绩</title>
6      <link rel="stylesheet"href="css/style.css"/>
7      <script type="text/javascript"src="js/score.js">
8      </script>
9    </head>
10 <body>
11   <div style="text-align:center;width:360 px;margin:50 px auto;">
12     <h3>用 Javascript 判断成绩级别</h3>
13     <label for="score"><span>输入成绩:</span></label><input type="text"
14     id="score"class="fm1" placeholder="输入 0~100 之间的分数"/>
15     <input type="submit" value="判断" class="fm2" onClick="Judge()"/>
16   </div>
17   </body>
18 </html>
```

（2）CSS 代码：

```
1  @charset"utf-8";
2  /*CSS Document*/
3  .fm1{
4    width:200 px;
5    height:40 px;
6    border:solid 5 px#ff1814;
7    border-radius:5 px 0 0 5 px;
8    vertical-align:top;
9    padding:0;
10   box-sizing:border-box;
11 }
12 .fm2{
13   width:80 px;
14   height:40 px;
15   border:none;
```

```
16    border-radius:0 5 px 5 px 0;
17    vertical-align:top;
18    background:#ff1814;
19    font:20 px"黑体";
20    color:#fff;
21    cursor:pointer;
22    box-sizing:border-box;
23 }
24 span{
25    width:80 px;
26    box-sizing:border-box;
27    height:40 px;
28    text-align:center;
29    line-height:40 px;
30 }
31 input:last-child:hover{
32    cursor:pointer;
33 }
```

（3）JavaScript 代码：

```
1  //JavaScript Document
2  function Judge()
3  {
4    var t=document.getElementById("score").value;  //从 input 框中获取输入数据
5    if(isNaN(t)||t<0||t>100)   //输入的数据若不是数值或者超出范围
6    {
7      alert("输入数据不正确");  //弹出提示框
8      return;  //程序退出，等待重新输入
9    }
10   var s=Number(document.getElementById("score").value);  //将字符串转换为数值
11   if(s>=90)
12   {
13     alert("优秀");
14   }
15   else if(s>=80)
16   {
17     alert("良好");
18   }
19   else if(s>=70)
20   {
21     alert("中等");
22   }
23   else if(s>=60)
24   {
```

```
25      alert(" 及格 ");
26    }
27    else
28    {
29      alert(" 不及格 ");
30    }
31  }
```

程序运行结果如图 8-5 所示。

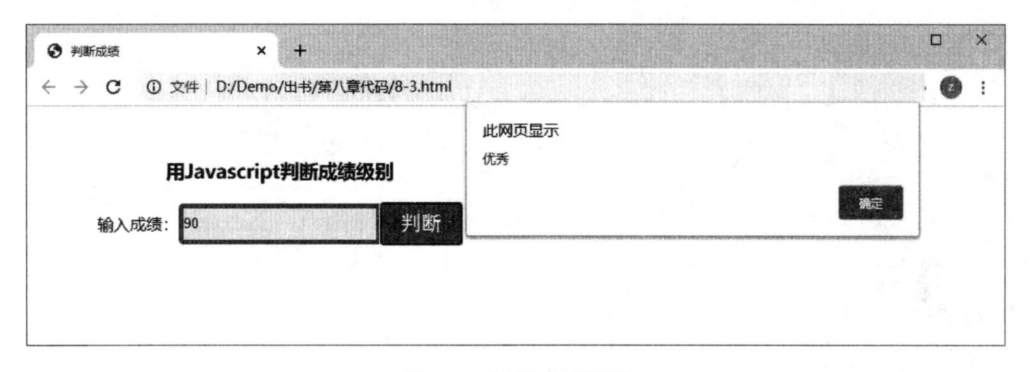

图 8-5　判断成绩级别

案例 8-4　焦点图切换。

本案例实现几所世界著名大学的焦点图切换。焦点图一般在网页的顶部，按照一定的时间间隔自动切换。当光标停留在图上圆点位置时切换到所对应的图且切换停止，也可以点击右键箭头完成切换。知识点主要有 CSS 样式设计、计时器事件、编程控制 HTML 元素等。案例源代码如下：

（1）HTML 代码：

```
1  <!doctype html>
2  <html>
3    <head>
4      <meta charset="utf-8">
5      <title> 焦点图切换 </title>
6      <link rel="stylesheet"type="text/css"href="css/index.css">
7      <script type="text/javascript"src="javascript/index.js"></script>
8    </head>
9    <body>
10     <div class="banner">
11     <!-- 列出所有图片 -->
12     <div class="banner_pic"id="banner_pic">
13       <div class="current"><img src="images/01.jpg"alt=""/></div>
14       <div class="pic"><img src="images/02.jpg" alt=""/></div>
```

```
15         <div class="pic"><img src="images/03.jpg" alt=""/></div>
16         <div class="pic"><img src="images/04.jpg" alt=""/></div>
17       </div>
18       <!-- 循环切换圆点，4 个圆点代表 4 个图像，当前图像圆点有不同样式 -->
19       <ol id="button">
20         <li class="current"></li>
21         <li class="but"></li>
22         <li class="but"></li>
23         <li class="but"></li>
24       </ol>
25       <!-- 左右箭头图像，点击左右箭头手动切换图像 -->
26       <div class="left" id="button_left"></div>
27       <div class="right" id="button_right"></div>
28       </div>
29     </body>
30 </html>
```

（2）CSS 代码：

```
1  @charset"utf-8";
2  /* 重置浏览器的默认样式 */
3  body,ul,li,ol,img{margin:0;padding:0;border:0;list-style:none;}
4  /*banner*/
5  .banner{
6    width:1 000 px;  /* 图像的尺寸为 1000*290*/
7    height:290 px;
8    margin:13 px auto 15 px auto;
9    position:relative;
10 overflow:hidden;
11 }
12 .banner.banner_pic.pic{display:none;}
13 .banner.banner_pic.current{display:block;}
14 .banner.left{
15   float:left;
16   width:35 px;
17   height:60 px;
18   background:url("../images/icon_arrow_left.png")  no-repeat center center;
19   position:absolute;
20   left:0;
21   top:112 px;
22   z-index:10;
23   cursor:pointer;
24 }
```

```
25 .banner.right{
26   float:right;
27   width:35 px;
28   height:60 px;
29   background:url("../images/icon_arrow_right.png")no-repeat center center;
30   position:absolute;
31   right:0;
32   top:112 px;
33   z-index:10;
34   cursor:pointer;
35 }
36 /* 循环圆点图 */
37 .banner ol{
38   position:absolute;
39   left:50%;
40   top:6%;
41 }
42 .banner ol.but{
43   float:left;
44   width:10 px;
45   height:10 px;
46   border-radius:50%;
47   margin-right:12 px;
48   background:#fff;
49 }
50 .banner ol li{cursor:pointer;}
51 .banner ol.current{
52   color:#fff;
53   background:red;  /*#2fafbc;*/
54   float:left;
55   width:10 px;
56   height:10 px;
57   border-radius:50%;
58   margin-right:12 px;
59 }
```

(3) JavaScript 代码：

```
1  window.onload=function()  //浏览器启动后加载函数
2  {
3    var current_index=0;     //保存当前焦点元素的索引
4    var intervalTime=4000;   //设计时间间隔实现轮播效果
5    var picNumber=4;         //循环播放的图像的数量
6    var timer=window.setInterval(autoChange,intervalTime);
7    //获取左右箭头按钮
```

```
8    var button_left=document.getElementById("button_left");
9    var button_right=document.getElementById("button_right");
10   //获取所有轮播按钮
11   var button_li=document.getElementById("button").getElementsByTagName
     ("li");
12   //获取所有banner图
13   var pic_div=document.getElementById("banner_pic").getElementsByTagName
     ("div");
14   //遍历元素
15   for(var i=0;i<button_li.length;i++){
16     //添加鼠标滑过事件
17     button_li[i].onmouseover=function(){
18       //定时器存在时清除定时器
19       if(timer)clearInterval(timer);
20       //遍历元素
21       for(var j=0;j<pic_div.length;j++){
22         //将当前索引对应的元素设为显示
23         if(button_li[j]==this){
24           current_index=j;  //从当前索引位置开始
25           button_li[j].className="current";
26           pic_div[j].className="current";
27         }
28         else{
29           //将所有元素改变样式
30           pic_div[j].className="pic";
31           button_li[j].className="but";
32         }
33       }
34     }
35     //鼠标移出事件
36     button_li[i].onmouseout=function()
37     {
38       //启动定时器，恢复自动切换
39       timer=setInterval(autoChange,intervalTime);
40     }
41   }
42   //左右箭头控制图像的切换
43   button_left.onmouseover=function()
44   {
45     if(timer)clearInterval(timer);
46   }
47   button_left.onmouseout=function()
48   {
49     timer=window.setInterval(autoChange,intervalTime);
```

```
50    }
51    button_left.onclick=function()
52    {
53      if(current_index>0)—current_index;
54      else current_index=picNumber-1;
55      //遍历元素
56      for(var j=0;j<picNumber;j++){
57        //将当前索引对应的元素设为显示
58        if(j==current_index){
59          pic_div[j].className="current";
60          button_li[j].className="current";
61        }
62        else{
63          //将所有元素改变样式
64          pic_div[j].className="pic";
65          button_li[j].className="but";
66        }
67      }
68    }
69    button_right.onmouseover=function()
70    {
71      if(timer)clearInterval(timer);
72    }
73    button_right.onmouseout=function()
74    {
75      timer=window.setInterval(autoChange,intervalTime);
      }
76    button_right.onclick=function()
77    {
78      if(current_index<picNumber-1)++current_index;
79      else current_index=0;
80      //遍历元素
81      for(var j=0;j<picNumber;j++){
82        //将当前索引对应的元素设为显示
83        if(j==current_index){
84          pic_div[j].className="current";
85          button_li[j].className="current";
86        }
87        else{  //将所有元素改变样式
88          pic_div[j].className="pic";
89          button_li[j].className="but";
90        }
91      }
92    }
```

```
93   function autoChange()
94   {
94     ++current_index;  //自增索引，当索引自增达到上限时，索引归0
95       if(current_index==picNumber)  current_index=0;
96       for(var i=0;i<button_li.length;i++){
97         if(i==current_index){
98           button_li[i].className="current";
99           pic_div[i].className="current";
100      }
101      else{
102        button_li[i].className="but";
103        pic_div[i].className="pic";
104      }
105    }
106  }
107  }
```

程序运行结果如图8-6所示。

图8-6　焦点图切换效果

小　结

在JavaScript语言中，可以一切皆是对象，本章介绍了常用的几个内置对象，如时间对象、字符串对象、数组对象、数学对象等，并介绍了基于事件驱动的程序设计。若想进一步控制HTML和CSS的对象需要深入了解和掌握BOM对象和DOM对象，只有这样才能编程控制这些元素，实现动态网页的效果。

需要强调的是某些对象的属性是只读属性，也就是说，修改其属性只能通过对象的方法来实现，这些都要在代码实践中逐步去掌握。

习　题

一、判断题

1. 数组的索引从 1 开始。（　　）
2. 数学方法的调用必须使用 Math 对象。（　　）
3. String 对象用于处理时间。（　　）
4. Window 对象的函数在调用时可以省略 Window 对象名。（　　）
5. 有的对象的属性可以通过赋值语句进行改变。（　　）

二、选择题

1. （　　）对象表示浏览器窗口的 HTML 文档，用于检索文档的信息。

　A. window　　B. document　　C. frame　　D. form

2. （　　）事件处理程序用于在单击时执行函数。

　A. onsubmit　　B. onexit　　C. onclick　　D. onchange

3. JavaScript 中（　　）方法可以将数组元素合成一个字符串

　A. join　　B. sort　　C. push　　D. reverse

4. var d=new Date（　　）返回月份的语句是（　　）。

　A. d.getDate（　　）;　　B. d.getMonth（　　）;

　C. d.getMonth（　　）+1;　　D. d.getDay（　　）;

5. 当表单各项填写完毕，单击“提交”按钮时可触发鼠标元素的事件是（　　）。

　A. onsubmit　　B. onenter　　C. onmouseOver　　D. onblur

三、编程题

1. 设计用户登录的页面，验证用户名和密码都必须输入内容，为空时进行提示。

2. 根据具体需求改造焦点切换程序，比如将焦点图扩大到 6 个，图片尺寸修改为 800 × 600 像素；光标停留在图片上时，切换停止，光标离开后，切换继续。

附录 A

HTML 和 CSS 常用标签含义

标　签	标签含义	英　文	英文含义	备　注
h	标题	headline	标题	
p	段落	paragraph	段落	
hr	水平分割线	horizontal rules	水平分割线	
b	加粗	bold	加粗 / 粗体	
strong	加粗（强调语义）	strong	强壮的	
i	倾斜	incline	倾斜	
em	倾斜（强调语义）	emphasize	强调	用倾斜来起到强调作用
u	下画线	underline	下画线	
ins	下画线（强调语义）	insert	插入	ins 标签准确来说是：插入字效果
s	删除线	strikethrough	删除线	
del	删除线	delete	删除	
br	回车换行	break	打破 / 折断	
img	插入图	image	图片	
src	图片路径	source	源头	img 标签的属性
width	宽度	width	宽度	标签属性
height	高度	height	高度	标签属性
title	提示内容	title	标题	img 标签的属性
alt	替换的内容	alternative	替换 / 交替	img 标签属性
border	边框线	border	边界	标签属性
a	超链接	anchor	锚点	
href	超链接地址	hypertext reference	超链接	a 标签的属性
target	超链接在哪个窗口打开	target	目标	a 标签的属性
_blank	新窗口	blank	空白	target 属性值
_self	当前窗口	self	自己	target 属性值
	空格符	non-breaking space	不间断空格	
ul	无序列表	unorder list	无序列表	

续表

标　签	标 签 含 义	英　文	英 文 含 义	备　注
li	列表项	list item	列表条目	
ol	有序列表	order list	有序列表	
dl	自定义列表	defined list	自定义列表	
dt	自定义列表标题	defined title	自定义标题	
dd	自定义列表详情	defined detail	自定义详情	
table	表格	table	表格	
tr	行	table row	表格行	
td	单元格	table data	表格数据 单元格	
radio	单选按钮	radio	收音机	收音机的按钮只能按下一个（单选）
rows	行数	rows	行的复数	textarea 属性
cols	列数	columns	列的复数	textarea 属性
get	get 请求方式	get	获取	
post	post 请求方式	post	提交	
css	层叠样式表（样式）	Cascading Style Sheet	层叠样式表	
font-family	字体	font-family	字体族 / 字体类型	
text-align	内容对齐	text-align	文字对齐	
text-indent	文字首行缩进	text-indent	文字缩进	
background	背景	background	背景	笔记中记录 background 为背景色，其实准确来说是背景。这个属性除了可以设置背景颜色，还可以设置背景图片等
display	显示模式	display	显示	
block	块级	block	块	
inline	行内	inline	内联的	这里可以这样理解：line 是行，inline 就是在行里边（行内）
none	隐藏	none	没有 / 消失	display 属性值：none 可以理解为消失（不占位置隐藏）
visibility	显示	visibility	能见度	
hidden	隐藏	hidden	隐藏	占位置隐藏（隐身）
class	类样式	class	类	
style	行内样式	style	风格 / 设计	

续表

标　签	标签含义	英　文	英文含义	备　注
link	外链式	link	关系 / 连接	
rel	关系	relationship	关系 / 关联	
stylesheet	样式单	stylesheet	样式 床单	
important	提权功能（变为最重要）	important	重要	
italic	倾斜	italic	斜体字	font-style 属性值
normal	正常	normal	正常	font-style 属性值
text-decoration	文字修饰属性	decoration	修饰 / 装饰	
overline	顶画线	overline	上画线	text-decoration 属性值
line-through	删除线 / 贯穿线	through	穿过	text-decoration 属性值
word-break	强制打散单词换行	beak	折断	
visited	访问后	visited	访问后	超链接伪类
hover	鼠标以上	hover	悬浮 / 盘旋	超链接伪类
active	点击状态	active	激活 / 积极	超链接伪类
solid	实线	solid	固体的	border 边框线条样式
dashed	虚线	dashed	虚线	border 边框线条样式
repeat	平铺	repeat	重复	background 属性值
fixed	背景图固定	fixed	固定的	background 属性值
margin	外边距	margin	边缘	边缘可以理解为盒子外边的距离（盒子与盒子之间的距离）
padding	内边距	padding	填补 / 填充	填充意味着属于盒子内部的距离
auto	自动（自适应宽高）	auto	自动	margin/padding 取值
list-style	列表样式	list、style	列表、样式	
overflow	溢出	overflow	溢出	
hidden	隐藏	hidden	隐藏	overflow 属性值（visibility 属性值）
float	浮动	float	浮动	
position	定位	position	位置	
relative	相对定位	relative	相对	position 的属性值
static	静态定位	static	静态的	
absolute	绝对定位	absolute	绝对的	

续表

标　签	标签含义	英　文	英文含义	备　注
cursor	鼠标样式	cursor	光标	
pointer	小手	pointer	指针	
border-radius	边框半径（制作圆角矩形）	radius	半径	
filter	滤镜	filter	过滤器	
alpha	透明度	alpha	透明度	
opacity	透明度	opacity	不透明度	虽然翻译是不透明度，但是 CSS 中还是当作透明度处理
css sprite	CSS 精灵图	sprite	精灵 / 雪碧	
background-attachment	背景图固定	attachment	附着	
wrap	包裹	wrap	包裹	
banner	广告条	banner	标语 / 横幅广告	
prefect	完美	prefect	完美	
course	课程体系	course	课程	
pilot	领航者	pilot	飞行员 / 领航者	
vertical-align	垂直对齐方式	vertical	垂直的	

附录B 各章习题答案

第1章 习题答案

一、判断题

1.true　2.false　3.false　4.false　5.true　6.true

二、选择题

1.D　2.B　3.B　4.C　5.B

第2章 习题答案

一、判断题

1.false　2.true　3.true　4.false　5.false　6.true

二、选择题

1.C　2.B　3.A　4.C　5.A

第3章 习题答案

一、判断题

1.true　2.false　3.true　4.false　5.true

二、选择题

1.D　2.A　3.B　4.A　5.C

第4章 习题答案

一、判断题

1.false　2.true　3.true　4.false　5.true

二、选择题

1.C　2.B　3.A　4.D　5.C　6.B　7.D　8.B　9.A　10.C

第 5 章　习题答案

一、判断题

1.true　2.false　3.false　4.true　5..true

二、选择题

1.A　2.C　3.B　4.D　5.C

第 6 章　习题答案

一、判断题

1.false　2.true　3.true　4.true　5..true

二、选择题

1.A　2.D　3.B　4.D　5.C

第 7 章　习题答案

一、判断题

1.false　2.false　3.false　4.false　5.true　6.false　7.true

二、选择题

1.A　2.C　3.B　4.D　5.C

第 8 章　习题答案

一、判断题

1.false　2.true　3.false　4.true　5.true

二、选择题

1.B　2.C　3.A　4.C　5.A

参考文献

[1] 黑马程序员．网页制作与网站建设实战教程［M］．北京：中国铁道出版社，2018.

[2] 黑马程序员．网页设计与制作（HTML 5+CSS3+JavaScript）［M］．北京：中国铁道出版社，2018.

[3] 刘兵．轻松学 Web 前端开发入门与实战 HTML 5+CSS3+JavaScript+Vue.js+jQuery［M］．北京：中国水利水电出版社，2018.

[4] 朱印宏．JavaScript 征途［M］．北京：人民邮电出版社，2019.

[5] 刘瑞新，张兵义．网页设计与制作教程［M］．北京：机械工业出版社，2017.